[ 徐 帆 李 策 曹先锋 ]

编著

# 重塑设计流程

## 设计师的人工智能通识课

广西师范大学出版社

·桂林·

# 推荐序

　　设计的本质是沟通、表达和解决问题，它是美学、功能性和以人为本的融合。几个世纪以来，设计师一直依靠他们的直觉、专业知识和艺术敏感性将他们的愿景变为现实，然而，随着人工智能（Artificial Intelligence，英文缩写为 AI）的出现，设计师的工具箱中增加了一个新的工具——一个能够增强他们的能力，并扩大设计视野的人工智能助手。

　　设计领域中的人工智能并不是要取代人类设计师，而是在帮助人类设计师达到新的高度。例如，使用 AI 执行重复性的任务，设计人员便可以将精力集中在高阶思维、构思和打造独特的用户体验上。人工智能成了一个合作者、盟友，它补充了人类的创造过程，并释放了以前难以想象的可能性。人工智能对设计的影响已经超越了单个领域，它延伸到整个行业和社会的各个层面，从建筑到时尚，从产品设计到用户界面，人工智能正在彻底改变我们创造、交互和感知设计的方式。

　　当我们拥抱人工智能在设计中的潜力时，我们还必须考虑由此产生的伦理问题和社会影响。由人工智能算法驱动的设计决策可能会在无意中延续偏见或侵犯用户隐私，我们作为设计师的另一个责任是批判性地审查和解决这些问题，确保设计中的人工智能保持包容性和透明性。

　　通过这本书，作者旨在向设计师介绍人工智能的基本原理、实际应用、道德准则和其他基本概念。人工智能和设计的交叉起初可能不那么和谐，但如今，它们深深地交织在一起，对这两个领域都产生了深远的影响。传统的设计学与创造力和人类直觉联系在一起，现在我们可以通过人工智能技术来增强这一联系，使设计师能够突破创新的界限。本书深入探讨了这一交叉点的背景和意义，并揭示了人工智能改变设计行业的方式。

我向以此书作者为代表的为探索人工智能在设计中的潜力铺平道路的先驱者、研究人员和设计师表示最深切的感谢，他们对卓越的不懈追求以及对突破设计极限的热情使得人工智能辅助设计成为可能，他们的工作就像一座灯塔，照亮了在创作过程中使用人工智能者的前路。

我在此向所有设计师朋友推荐本书，希望它能为你们的创作之路提供灵感与指导，引领你们在人工智能辅助设计之路上不断前行。

香港城市大学助理教授　郑　豪

2024 年 4 月 30 日

# 自 序

1987 年，在杰弗里·辛顿[1]（Geoffrey Hinton）的四十岁生日时，他感慨自己的学术生涯已经到头，这辈子什么也做不成了。此时距离阿尔法围棋（AlphaGo，第一个击败人类职业围棋选手的人工智能机器人）击败李世石还有二十九年，距离他获得图灵奖还有三十二年，距离 ChatGPT 问世还有三十六年。

人工智能的发展历程跌宕起伏，在经历了长达数十年沉寂后的 2023 年，大量的人工智能应用如雨后春笋般涌现，不仅出现在科技和互联网领域，而且几乎在任何行业的细分领域都出现了大量的人工智能研究者和应用场景，设计这个领域也不例外，这一年也被很多人称为人工智能应用元年。

通过此书，我们想将人工智能的基本逻辑、实践操作、道德准则等基础知识带给设计师，并以此为始，帮助设计师走入人工智能辅助设计的实践中。

人工智能和设计是两个看似不相关的领域，但它们在当今世界交会，并对世界产生了深远的影响。本书将以初学者的视角，深入浅出地探讨这种交会的背景和意义，前半部分从历史与艺术的角度探讨人工智能的发展，后半部分以实际的例子告诉读者什么是人工智能和神经网络，以

---

1　美国计算机学家、心理学家，被誉为"人工智能之父"。

及我们在训练人工智能的时候到底在训练什么，最后介绍当下主流的人工智能工具以及如何结合这些工具为设计工作赋能，引导读者进入人工智能与设计的世界。

非常感谢本书中提到的受访者与研究者，以及出版社编辑和审稿人，他们对本书提供了巨大的帮助，正因为有了他们的帮助与支持，才让此书成为可能。

AI 设计研究室、沙粒科技创始人　徐　帆

2024 年 1 月 1 日

# 目　录

# 人工智能 + 设计：
# 时代发展的十字路口

人工智能和设计是两个看似不相关的领域，在当今世界交会，并对世界产生了深远的影响。本章将探讨这种交会的背景和意义，引导读者进入人工智能与设计的世界，并介绍探讨人工智能的基本原理，以及它改变设计领域的方式。

## 1.1 人工智能和设计背景

随着人工智能技术的蓬勃发展，人工智能与设计行业产生了交融与碰撞，2023 年被大多数业内人士称为"人工智能应用元年"。

18 世纪末至 19 世纪初，设计随着工业革命在欧洲和北美洲的兴起而逐渐发展。设计作为基于人类情感和艺术的行业，在很长一段时间内，要靠真正的创意滋养，在计算机出现后的一段时间内，设计似乎也很难和计算机领域建立联系。20 世纪初期至中期，现代主义运动使得设计诞生出多个不同的流派，其中，德国的包豪斯学派强调功能性、简洁性和材料的新用法。这个时期的设计师开始考虑如何应用新材料和技术，如使用钢和混凝土创造新型家具、建筑和其他产品。此时，设计已经和工业化、产业化紧密相连。直到进入数字化时代（20 世纪 90 年代至今），计算机技术的发展对设计行业产生了巨大影响，设计师开始利用软件创作，涉及图形设计、用户界面设计、体验设计等。数字化促进了设计思维的发展，即使用设计方法解决商业和社会问题，设计也真正开始与数字化、程序化产生不可分割的关联。大量艺术家通过 Processing 编程语言创作了惊人的艺术作品。计算机辅助设计（Computer Aided Design，CAD）系统的出现极大地提高了设计效率，使得设计师能够在电脑上创建和修改设计。随后，图形用户界面（Graphical User Interface，GUI）的普及和互联网的出现为设计师提供了更多的工具和资源。进入 21 世纪，数字化工具不断演进，涵盖了从三维建模到数字插画，再到用户界面设计等多个方面。

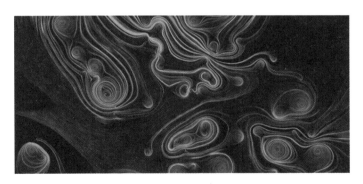

数字生成式艺术

20 世纪 70 年代至 80 年代，随着计算机技术的进步，机器学习和神经网络开始发展，但这一时期经历了两次"AI 冬季"（AI Winter），一时间，似乎人工智能的研究由于各方面限制进入了瓶颈期。进入 21 世纪，AI 开始了爆炸式的发展，特别是在深度学习和大数据技术的推动下，AI 在语言处理、图像识别、游戏和其他许多领域取得了突破性进展。当下，AI 已经渗透了日常生活的各个层面，并继续以前所未有的速度发展。

AI 技术在其他领域证明了其价值之后，设计界才开始探索如何利用 AI 来优化和创新设计过程。最初，这种结合体现在简化设计工作流程和自动化重复性任务上。2023 年，AI 开始在创意设计过程中发挥作用，如通过算法生成设计方案、辅助用户体验设计、进行数据驱动的设计决策等。最近，随着生成对抗网络（Generative Adversarial Network，GAN）和稳定扩散（Stable Diffusion）模型等技术的发展，AI 在创意设计和个性化设计中的作用越发凸显，不仅能提出设计方案，还能学习和模仿特定的艺术风格，为设计师提供前所未有的灵感和辅助。

## 1.2 人工智能对设计的影响

设计的重点在于创造性地解决问题，这是艺术与工程的中心点。一直以来，设计依赖的是大量的经验与人脑中不可知的思维逻辑与感性判断。设计作为一个代表着人类智慧的学科，设计方案的创造性是这个领域最重要的特点之一。然而，在人工智能的飞速发展下，各种计算机神经网络层出不穷，人工智能的算法越来越好，计算机硬件的算力越来越强，供神经网络学习的数据集也越来越完善。在算法、算力、数据这"三驾马车"的并驾飞驰下，诸多复杂的设计问题在神经网络的学习之下也变得有迹可循。

于 21 世纪初兴起的参数化设计（Parametrical Design）给建筑设计带来了新的能量，大量基于算法与数据的设计理论和设计方法涌现。这不仅对设计实践中的施工优化、图纸生成、辅助建模等领域具有积极的作用，而且对设计本身具有较大的推动作用。参数化设计因城市大数据本身的迭代与优化得以进入设计流程中，以城市大数据抑或建筑性能模拟指标作为因子去判断设计优劣，并将其与设计结果挂钩。此时的设计行业受到了来自参数化设计的极大影响。然而，参数化设计的底层逻辑——专家系统，仍然需要设计师制定规则，并提前制定好程序演变的逻辑，这种方式具有较大的局限性，当需要解决的问题无比复杂时便不再奏效。而人工智能的出现则让设计行业看到了新的可能性。以 GAN 技术为代表的神经网络系统，可以在没有人类过多干预的情况下，通过对大量标注数据集的学习，主动得其规律与逻辑，结果往往会超出设计师本身的认知。自此，人工智能辅助的设计流程渐渐形成。人工智能作为几乎平行于所有行业的一个最基础的存在，必然会在更大程度上影响设计行业的发展与走向。

当下，人工智能在建筑设计领域的影响是显著且多元的，从项目概念阶段到建造和运营维护，人工智能都在改变着建筑师的工作方式。在设计辅助与优化上，AI 可以帮助建筑师在设计过程中进行决策，通过算法模型来优化空间布局、光照和能源效率。AI 辅助的生成式设计（Generative Design）中允许建筑师输入设计参数和约束，并生成多种设计选项供选择和迭代。在结构上，AI 可以进行高效的分析，预测建筑物在自然灾害（如地震和风暴）中的表现，从而提高设计的安全性。除此之外，AI 在能源效率、施工管理、维护和运营、客户化设计、遗产保护、城市规划中均可以产生不同程度的影响，带来不同程度的辅助。

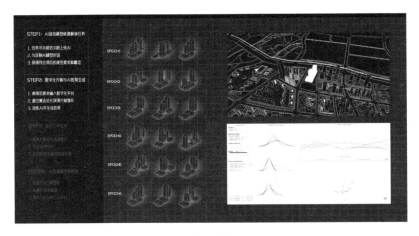

通过参数化多目标优化获得不同方案的可能性

AI 对中国设计市场的未来发展有多方面的潜在影响。它的高速发展无疑可以提升设计效率，提高生产力、设计的质量和精确性，促进个性化和定制化服务的增长，促进创新和新业务模式的孕育，但同时也会加剧竞争格局的变化——技术先进的设计公司可能会获得竞争优势，而那些未能及时适应 AI 技术的公司可能会逐渐失去市场份额。AI 的融入将推动中国设计市场的转型和升级，为设计师和消费者创造新的价值，同时也在管理和伦理方面带来了新的挑战。

设计行业的各个参与者，包括设计师、设计公司、教育机构和政策制定者，需要共同合作，以充分利用 AI 的潜力，同时确保发展的平衡和包容性。例如，在建筑与城市设计领域，AI 模型辅助数据分析可以帮助城市规划者更好地了解人流、交通和环境影响，以实现更有效的城市规划。AI 在技术层面对建筑设计产生了影响，也推动了设计行业对设计流程、协作方式，以及设计师的角色和技能要求的重新思考。随着技术的不断进步，AI 将进一步深入建筑设计的各个方面，为行业带来更加智能和具有响应性的建筑环境。

## 1.3  当下设计行业的困境与未来

中国的城市化在过去的二十年中得到了飞速的发展，建筑设计与室内设计行业也在此阶段享受到了时代的红利，经历了同样的高速发展。数字化工具与参数化设计帮助设计行业处理了错综复杂的问题，高质量地完成了很多用传统设计方法无法完成的任务。而在2018 年之后，由于内外部环境变化和设计市场的萎缩，设计行业面临着很大的冲击。而 AI 的出现使得当下国内本就萎靡的设计市场面临着新的变化。

中国城市的新建筑设计项目量从 2020 年左右开始日渐萎缩，而2000 年后的房地产浪潮，使各大高校设计类学生日渐增多，导致当下设计市场上项目总量难以和设计师人才输出量达到平衡。供大于求的设计市场，外加项目量的饱和，使得设计行业的数字化之路走得异常艰难。

　　在这样的市场环境下，人工智能的出现对中国的设计环境产生了深远影响。一方面，AI 技术带来了创新和效率的提升，为设计行业带来了新的发展机遇；另一方面，它也带来了巨大的挑战。首先，是技能转变的压力。AI 技术要求设计师具备新的技能和学习能力，更新自己的知识结构，学习如何与 AI 合作，这对于许多已经习惯传统工作方式的设计师来说是一个挑战。其次，在整个社会层面，可能会引发就业恐慌。AI 在设计领域的应用提高了自动化水平，一些从事重复性或低技能的设计工作的人可能会被机器取代，这导致设计师担忧就业前景。

　　使用 AI 为设计赋能同样也面临着创新与原创性的争议。虽然 AI 可以在短时间内产生大量设计方案，但 AI 设计的原创性和艺术价值存在争议，传统意义上的创新与设计的个性化表达可能会受到挑战。在设计市场的层面，AI 降低了设计行业的门槛，更多非设计专业的人员也能进入，使得传统设计机构和个体设计师或将面临更激烈的市场竞争。而 AI 训练过程中使用素材的知识产权问题也十分棘手，AI 设计的作品归属权问题复杂，如何保护设计作品的知识产权，避免抄袭和非法使用，仍然是一个亟待解决的问题。

　　然而，无论市场环境和设计师总量如何变化，未来的设计市场一定是高度智能化、数据化的。AI 的发展无疑是对数字化极好的弥补。过去，通过数字化，我们可以实现基于数据的方案生成，基于环境分析的方案优化，建立城市大数据的数字孪生管理平台。在 AI 进入设计师的眼帘之前，大家通常认为计算机需要在人制定的规则下运行，数字化也仅能在有限的范围内帮助设计师做深化设计。但当下，AI 体现出的深度学习能力可以跳过人类的监督自主学习，并且表现出了很强的创造力。这种基于另一个维度的创造力，甚至会跳脱出人类固有的思维，展现出我们从未设想过的可能性。从设计阶段来看，人工智能与数字化的结合会使计算机能够在很大程度上完成设计概念、初步设计、深化设计，以及施工图优化设计的相关工作。而从能力上看，AI 在当下已经初步具备了对图像、文字、视频等多模态的理解和推理能力，这些能力都与设计行业息息相关。虽然目前这些能力还不够成熟，在有些维度上还满足不了设计师的需求，如多角度一致性、精准修改、精准替换等，但是 AI 在这些领域已经完成了从零到一的过程，接下来的不断优化与嵌入工作流，在行业内基本上已是不争的事实。

在未来的设计领域，随着 AI 的高速发展，设计师与设计市场无疑都会经历剧烈的转变。市场快速分化后，头部市场会加速与 AI 的结合，从而形成更加有创造力和设计品质的作品。在下沉市场中，由于 AI 解放了不同行业之间的硬性门槛，因此从大众角度来看，每个人都可以是设计师。而处在中段市场中的设计师必将面临较大的职业风险。AI 技术的发展为设计行业带来了革命性的变化，设计师和设计机构必须找到新的立足点，不断学习和适应，寻找自己与人工智能的契合点，并不断思考、追溯设计的本质，才能在这个变化莫测的新环境中生存和发展。

# 历史回顾：人工智能在
# 设计中的演进

在详细介绍人工智能的具体技术前，我们需要对人工智能的发展有更深入的理解。

## 2.1 早期 AI 与专家系统

### 2.1.1 理论的启发

本节将回顾几篇人工智能发展史上的关键论文，主要包括艾伦·图灵（Alan Turing）、马文·明斯基（Marvin Minsky）、艾伦·纽厄尔（Allen Newell）、赫伯特·西蒙（Herbert Simon）等计算机科学家在 20 世纪下半叶关于机器智能与设计创新的理论思考。这些文章拓宽了人工智能在支持设计创造力方面的应用想象空间，为后续的技术发展提供了启发，为人工智能与设计的交融奠定了概念基础。

▶《计算机器与智能》（"Computing Machinery and Intelligence"）| 艾伦·图灵

20 世纪 50 年代，还处于理论探索阶段的人工智能研究领域引发起许多科学家的兴趣。其中，英国数学家兼计算机科学家艾伦·图灵对探索机器智能的本质做出了开创性的贡献。1950 年，他发表了一篇具有里程碑意义的论文——《计算机器与智能》，文中他设想到，如果计算机程序的复杂性达到一定程度，机器也可以表现出与人类相似的特征。

具体来说，图灵提出可以通过"模仿游戏"（Imitation Game,

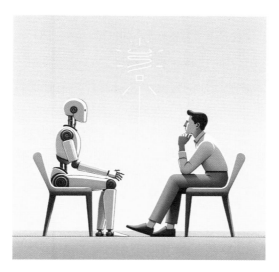

是人，还是机器

后亦称图灵测试）来判断一个计算机程序是否达到真正的智能。在游戏中模拟的交流情境下，若测试者（人类）无法通过被测试者的回答判断其身份——究竟是隐藏身份的计算机程序还是人类，那么该程序便被认为达到了智能的程度。这一思想为定义和判断机器的智能程度提供了一种理论可能，也对未来的人工智能评价方法产生了重大影响。

除了提供判断标准外，图灵还进一步论述了机器智能的界限，他认为机器智能并不仅限于逻辑和计算能力，还可以拥有包括创造力在内的更高层次的认知能力，未来机器可以通过程序创作音乐、文学等作品。这一视角拓宽了人工智能在创意设计等领域中的应用想象空间，也激发了后人探索机器获得更高层次智能的最初动力。

需要特别指出的是，当时的计算机硬件条件还较为初级，因性能上的限制，图灵对机器智能的许多设想难以实现。但是，他在理论上对机器智能做出的定义以及对其应用前景的思考，为后来人工智能技术服务于智能设计、创意设计等领域的发展奠定了概念基础。

### ▶《通往人工智能的步骤》（"Steps Toward Artificial Intelligence"）| 马文·明斯基

同一时刻，人工智能研究者不仅思考了机器智能的本质，也探索了使机器智能化的途径。其中，麻省理工学院的马文·明斯基对如何使机器获得复杂问题求解的能力进行了深入思考。

1960 年，明斯基在他的论文《通往人工智能的步骤》中探讨了使计算机获得智能以解决复杂问题的方式。他的论述主要分为五个主题：启发式搜索、模式识别、学习、规划和归纳。

启发式搜索：通过评估、比较不同的可能方案来解决问题，就像人类试错一样。比如，下棋程序通过预估不同走法的优劣来找到最佳走法。

模式识别：观察数据，学习其模式特征，然后利用学习到的知识对新数据进行分类和预测。比如，语音识别软件通过分析不同人语音数据的频谱特征，学习区分不同语音。

学习：通过观察样本和反馈来获得新的知识、技能。比如，机器学习算法可以通过分析大量带标签的图片，学习识别图片中的物体。

规划：根据目标状态推演出可达成目标的行动方案。比如，自动驾驶系统根据当前位置和目标位置，规划出行驶路线。

归纳：通过分析具体样本的信息来归纳出更普遍的概念或规则。比如，从观察鸟类样本数据中归纳出鸟类的共同特征。

这五大主题也被称为符号操作（symbol manipulation），至今仍是人工智能探索的核心话题。

▶《棋类程序以及复杂性问题》（"Chess-Playing Programs and the Problem of Complexity"）| 艾伦·纽厄尔、J. C. 肖乌（J. C.Shaw）、赫伯特·西蒙

在人工智能初创时期，不仅有计算机科学家从理论层面思考机器智能，也有一些计算机科学家开始从实践层面进行探索，其中，卡耐基梅隆大学的艾伦·纽厄尔和赫伯特·西蒙在兰德公司的 J. C. 肖乌的协助下，对使机器获得智能进行了开创性的尝试。

1958 年，他们在论文《棋类程序以及复杂性问题》中指出，许多复杂问题的求解实际上可以分解为子目标的有序求解过程，也就是所谓的"目的—手段分析"（ends–means analysis）。具体来说，"目的—手段分析"会将一个复杂的总目标逐渐分解为多个子目标，先解决一个子目标，由此产生的结果状态又成为解决下一个子目标的

下棋——灵感还是规则

输入条件。如此反复进行"目的－手段分析"，逐步解决子问题，最终达成总目标。例如，要完成从家里去公司的总目标，可以分解为驾车到车站、乘公交车到公司门口等子目标，逐步求解这些子问题，最终达成去公司的总目标。西蒙认为，这种将复杂问题分解的思路是使机器获得复杂问题求解能力的关键途径。

这一划分复杂问题的思路启发了后来将退化问题空间和状态空间搜索等方法应用于设计任务自动化的尝试，它为人工智能获得处理更广泛、复杂问题的能力提供了一个重要思路，也成为解空间搜索技术的理论基础，对人工智能的发展产生了深远影响。

▶ **感知器**（Perceptron）**与**《**句法结构**》（*Syntactic Structures*）┃ **诺姆·乔姆斯基**（Noam Chomsky）

在同一时代的其他人工智能研究中，一些科学家开始从生理学

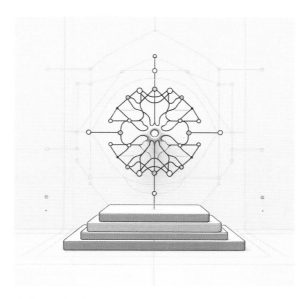

大脑是用什么格式存储知识的呢

和语言学角度探索人的智能，以期找到实现机器智能的灵感。

例如，弗兰克·罗森布拉特（Frank Rosenblatt）在 1958 年发表的论文《感知器：大脑中信息存储和组织的概率模型》（"The Perceptron: A Probabilistic Model for Information Storage and Organization in the Brain"）中提出了"感知器"的概念。论文详细阐述了感知器的结构、工作原理及学习算法，它被视为神经网络研究的重要起点。简单来说，感知机模拟生物神经元的工作方式，具有平行分布式处理的能力。这也为后来的神经网络算法的实现奠定了基础。

还有一些语言学家，如诺姆·乔姆斯基关注语言结构在人类智能中的作用，他在著作《句法结构》中概述并阐释了转换生成语法中的词类、结构描述、衍生等概念，奠定了生成语法研究的框架，也对后来的自然语言处理领域的研究产生了重大启发和影响。

总的来说，这一时期的生物学灵感和语言学研究拓宽了人工智能的思路。它们超越了符号主义的限制，从多学科角度启发人工智能的发展。这些初期的神经网络和语言学研究为后来的深度学习、自然语言处理技术的出现奠定了基础，展现了实现更自然的机器智能的可能途径。

### ▶ 达特茅斯会议（Dartmouth Summer Research Project on Artificial Intelligence）

1956 年，美国的一批科学家聚集在达特茅斯学院，召开了持续近两个月的研讨会，这就是后来被称为达特茅斯会议的科学盛会。也就是在这次会议上，"人工智能"第一次作为一个明确的研究领域

参加达特茅斯会议的学者

被提了出来，这次会议也被视为人工智能诞生的标志性事件。

会议的主要发起人包括约翰·麦卡锡（John McCarthy）、马文·明斯基、N. 罗切斯特（N. Rochester）、克劳德·香农（Claude Shannon），与会者还有奥利弗·塞弗里奇（Oliver Selfridge）、艾伦·纽厄尔、赫伯特·西蒙等学者。会议设定了七个议题，分别为 ①自动计算机；②如何对计算机进行编程以使用语言；③神经网络；④计算规模理论；⑤自我改进；⑥抽象；⑦随机性与创造性。

会议最主要的意义在于：第一次明确将"人工智能"作为一个新的研究领域提出来；聚集了一批对这个领域感兴趣的科学家进行了广泛讨论；对人工智能研究的方向和内容进行了初步的探讨。但由于当时这一领域还处在萌芽阶段，会议并没有形成可称为学界共识的结论，会后的报告也仅是对讨论过程的简要总结。

这次会议首次组织和开启了人工智能的科学探索，但具体的研究成果和结论是在随后几十年的发展过程中逐步形成的，毋庸置疑的是这次"启动"会议对后续人工智能的发展产生了深远的影响。

### 2.1.2 早期专家系统的应用

在讨论了思想家对机器智能的理论思考后，本节将介绍人工智能从理论转向实践的标志——早期专家系统，以及它们被初步应用于设计领域的案例。

专家系统一般指一个或一组能在某些特定领域，应用大量的专家知识和推理方法求解复杂问题的一种人工智能计算机程序。

20 世纪六七十年代，第一代专家系统的出现使得基于知识系统的设计成为可能。DENDRAL、MYCIN、RI 等专家系统将专家知识应用于不同的设计任务，实现了从理论到实践的飞跃。本节介绍早期专家系统的工作方式，以及它们如何解决实际的设计问题，为人工智能的设计应用打开了大门。[1]

## ▶ DENDRAL 化学专家系统

DENDRAL 化学专家系统是早期将人工智能成功应用于实际问题的典范，它将专家知识应用于有机分子结构分析，辅助化学家进行分子识别。该系统由斯坦福大学的布鲁斯·布坎南（Bruce Buchanan）、爱德华·费根鲍姆（Edward Feigenbaum）等人于 1965 年开始开发，经过多年构建，于 1969 年正式面世。

该系统的目标是利用计算机程序分析质谱图数据，推断所有可能的分子结构。其工作原理可被描述为这样一个过程：首先，它会构建一个规则库，包含有机化学反应规则、原子价结合关系等来源于领域专家的知识；其次，系统接收实验的质谱图输入数据，并基于知识库中的规则，从简单分子结构开始，递归构建并评估不同的化合物模型，计算其与实验数据的匹配程度。这个递归的生成—测试过程最终会产生出与实验数据吻合的最优分子结构结果。

作为一个早期专家系统，DENDRAL 化学专家系统模拟了领域专家生产并分析假设的思维过程，实现了人工智能从理论到实践

---

1　"Heuristic DENDRAL: A program for generating explanatory hypothesesin organic chemistry"，Bruce Buchanan，Edward A Feigenbaum，Joshua Lederberg，1968.

的转变。理论上，该系统只需要几分钟就可以分析一个复杂的分子结构，而人工分析可能需要几天甚至数周。它大幅缩短了分子结构分析的时间并提高了准确率，展现了知识系统在复杂推理任务中的潜力。

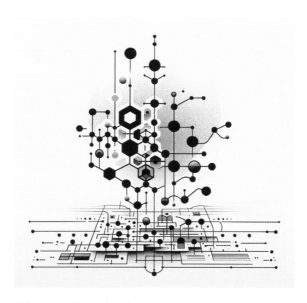

将复杂任务梳理成有序步骤

因此，DENDRAL 化学专家系统的意义远超分子识别本身，它标志并推动了人工智能从追求通用智能转向专注领域知识。后续的专家系统大多继承了它结合领域知识进行推理的方法，在许多领域产生了优质的应用，也使人工智能能够真正服务于实际需求。

## ▶ MYCIN 医学专家系统

MYCIN 医学专家系统是另一个早期成功的专家系统，它将人工智能应用于临床医学诊断这个通常被认为只有经验丰富的人类专家才能完成的领域中。该系统由斯坦福大学的爱德华·H. 肖特利夫（Edward H. Shortliffe）等人于 1972 年开始开发，1978 年完成，用 Inter lisp 语言编写，程序的目标是对细菌感染进行诊断并给出治疗建议。

相对于 DENDRAL 这样的早期专家系统，MYCIN 医学专家系统的知识库非常庞大、复杂，其中包含了细菌学、药理学等专业领域知识，以及对症状推理的上百条规则。在诊断过程中，医生整理好患者的各种症状和实验室检查结果，输入 MYCIN 医学专家系统。之后，系统会根据知识库中的各类知识和规则进行推理，推理大致分为诊断和治疗两个阶段。在这个过程中，MYCIN 医学专家系统还会根据用户的补充数据进行推理可信度的修正，直到取得最高可信度的诊断结果与治疗建议。

在早期的实验中，MYCIN 系统能够给出接近传染病专家的建议，这也成功证明了基于专家知识构建的人工智能系统，即使在需要复杂综合分析的临床医学领域，也可以助力专业决策。它对推动医学相关领域的人工智能技术发展起到了重要的引领作用。[1]

---

1 "Computer-based consultations in clinical therapeutics: Explanation and rule acquisition capabilities of the MYCIN system", SHORTLIFFE E.H., DAVIS R., AXLINE S.G., BUCHANAN B.G., GREEN C.C., and COHEN SN, 1975.

#### ▶ R1 计算机配置专家系统

R1 计算机配置专家系统是早期一个典型的成功应用人工智能技术进行产品配置设计的专家系统（后被称为 XCON）。该系统由卡耐基梅隆大学的约翰·P. 麦克德蒙特（John P. McDermott）于 1978年使用 OPS5 语言开发，目标是按照用户的需求，自动进行 VAX–11/780 型号计算机的配置。

R1 计算机配置专家系统作为一个典型的规则系统，通过规则库与推理机制实现基于规则的推理，可完成计算机配置任务，这些规则是从 DEC 公司的技术与销售专家处获取的。R1 计算机配置专家系统可以与 DEC 公司的销售人员进行互动，询问一些关键问题后，

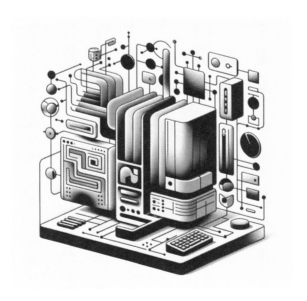

电脑装机也可以转化成纯逻辑问题

根据规则库给出满足要求的硬件和软件配置方案。

在 R1 计算机配置专家系统应用之前，由于 DEC 公司的销售人员并不都是技术专家，常出现用户购买了设备但缺少配套的其他硬件、驱动程序等问题，曾引起交付延迟甚至法律诉讼问题（当时的各项硬件与外设驱动并不像今天一样一体出售，而是需要根据需求搭配购买）。而在 R1 计算机配置专家系统应用之后，组件配置错误率大大降低，组装效率加快，客户满意度也大大提高。据估计，R1 计算机配置专家系统每年为 DEC 公司节省的成本在 2 500 万美元左右。

简而言之，R1 计算机配置专家系统大幅降低了配置设计的时间成本，一个配置方案只需要几秒钟就可以自动生成，同时也提高了方案质量，避免出现人工配置中无法完全遵循专家规则的疏漏情况。R1 计算机配置专家系统的成功标志着人工智能技术服务于增强产品定制设计能力的可能，对后续智能化工业配置设计产生了重大启发和影响。[1]

## 2.2　知识工程推动 AI 进入设计主流

在上一节中，我们探讨了早期专家系统在各领域的尝试和实践，本节将介绍与专家系统紧密相关的概念——知识工程的产生及意义。

知识工程采用结构化方法从专家处获取知识并构建知识库，打

---

1　"R1: A rule-based configurer of computer systems" J Mcdermott, 1980, "The AI Business: The commercial uses of artificial intelligence" P. Winston, K Prendergast, 1980

破了专家系统知识获取的瓶颈，也使得专家系统可以解决更加复杂的设计问题。通过本节的介绍，可以了解知识工程如何推动人工智能深入各类设计领域，为后续实际应用奠定基础。

## 2.2.1　知识工程方法及意义

### ▶ 知识工程的产生背景

知识工程的产生背景与早期专家系统的瓶颈密切相关。早期专家系统的知识主要来自系统开发者自身的领域知识。但研究者发现，依靠系统开发者本身无法获取完整的专家知识来处理复杂问题。

为了扩大知识的获取范围，研究者必须从领域专家那里获得知识。但是，获取专家知识也面临许多困难，专家解决问题的过程主要基于经验直觉，较难表达成程序可以使用的形式，即计算机符号形式，且人与人之间传统的教学方式非常耗时，难以解决大规模知识库的构建成本高的问题。

针对这些问题，斯坦福大学的爱德华·费根鲍姆在 1980 年发表的论文《知识工程：人工智能的应用面》（"Knowledge Engineering: The Applied Side of Artificial Intelligence"）中，明确了"知识工程"（Knowledge Engineering）的概念。

在论文中，爱德华·费根鲍姆提出：知识工程是人工智能应用研究的一个方向，其目标是获取领域专家的知识并以计算机可以处理的形式表示，以构建专家系统的知识库。知识工程从专家那里获得形式化和组织知识的方法，以实现专家系统在解决复杂问题中的高水平表现。简单来说，知识工程提供了专家系统工程化实践所需的知识获取和表示技术。

成功的知识工程能够使专家系统取得更加丰富的知识，从而处理更为复杂的实际问题。这也推动了人工智能从实验阶段向实用化应用阶段的进一步发展。因此，知识工程被单独抽离成为研究中心，可以视为人工智能发展史上的一个重要里程碑。

### ▶ 知识获取与知识表示方法

知识工程的核心在于通过专家获取知识，以及将获得的知识转换为计算机可以表示和使用的形式。目前，主要的知识获取方法包括面向对象采访、任务调研、收集文献资料三种。

面向对象采访是最基本的知识获取方法，针对特定的问题领域，知识工程师通过提问的方式获取专家的推理过程。采访遵循预定的问题提纲，要点会被记录并转化为文本文件。整个采访过程可以持续多个回合，知识工程师会针对已获取的内容提出进一步的确认性问题，层层深入地获取专家知识。

任务调研是更直接的获取方式，专家在实际工作环境中操作，知识工程师观察其完成真实任务的思维过程，辅以提问的方式获得第一手知识。例如，邀请建筑设计师使用设计软件绘制实际蓝图，知识工程师可以观察他的操作过程，讨论其设计决策的考量。这种置身于实境的获取方式可以获取更丰富、直接的知识。调研时还可以录制专家的工作屏幕，分析专家的工作流程、信息检索模式等。

收集文献资料是获取知识的重要方式，可以丰富面向对象采访获得的知识。例如，收集阅读建筑设计的参考图纸、行业规范、标准文档等资料。这些外在显性知识来源与专家内在经验知识相结合，可以形成更完整、更系统的知识源。收集文献资料也可以帮助知识工程师了解问题领域的概况，为采访做准备。

获得专家知识后，知识工程师需要进行知识表示，将隐性的专家知识转换为计算机可以存储和使用的显性形式。主要的知识表示方法包括产生式规则、框架表示、语义网络三种。

产生式规则用"如果……则……"的形式表示专家的经验知识和推理策略，如"如果墙体含水率过高，则使用防水材料"。这种规则简单、直观，便于表示专家经验，但表示能力较弱，难以描述复杂概念间的关系。

框架表示是用"使用对象—属性—值"的模型组织知识，通过框架描述概念及其属性关系，如"墙体（对象）—含水率（属性）—10%（值）"。这种结构化表示可以准确表示概念间的关联。但框架结构限制较多，不适合表示较抽象的知识。

语义网络是用"节点"表示概念，用"边"表示概念关系的网络结构，便于知识表示与推理，如"墙体"节点连接"防水材料"节点。这种形式直观展示了概念之间的逻辑关系，但当关系复杂时，网络复杂度也会大幅提高。

综上，每种表示方式都有特定的优势和局限。在实际的知识工程中，往往综合运用多种表示技术，才能准确捕获专家知识的不同方面，构建充分的知识库。

### ▶ 构建知识库的意义

知识库赋予了专家系统推理和解决问题的能力，就像给计算器安装软件，使其获得更强大的运算能力一样。知识库包含了针对特定领域的实用知识，可支持专家系统进行复杂的推理与决策，而不是仅依靠程序本身的算法。例如，医学知识库是专家系统拥有疾病诊断能力的核心原因，其质量直接影响专家系统的疾病诊断效率与准确度。

简单来说，知识库相较于人有以下三个优势。

**集智：** 知识库可以克服人工获取知识的限制，获取更多的专家智慧，就像聚合众多科学家的知识编写百科全书一样。每个专家的

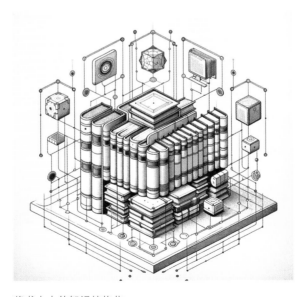

将书本中的知识结构化

知识都是有限的，而知识库可以融合多个专家的知识，形成强大的集体智慧。不同专家根据各自专长贡献独特的视角，知识库将其组合起来提供全面的解决方案，大大提高了专家系统的知识覆盖面。

**迭代：**知识库可以持续积累并迭代更新，就像维基百科一样，随时间的推移，知识数量和质量不断提升。通过后续的知识获取与验证，新的知识可以不断被添加进库，错误知识可以得到修正，专家系统会随时间推移而获得新知识，提高能力。知识库的迭代更新可以保证专家系统随时掌握最前沿的知识。

**共享：**知识库将隐性知识转化为显性知识，便于传播与共享，就像教科书让内在知识外化一样。专家脑内的隐性知识通过知识获取转化为可用计算表示的显性知识，方便存储、传播和应用，使原本仅属于个人的知识成为可共享的组织资产。隐性知识外显化也让新员工可以快速获取老员工的宝贵经验，使知识持续性得以保证，不会因员工离职而流失。

通过构建知识库，专家系统可以超越个别专家的作用，就像每位科学家都有弱项，但如果结成团队，互相弥补，就可以获得单人的知识领域无法触及的重大发现一样。知识库集成了不同专家的知识贡献，成为超越个体极限的"专家系统"的核心。

## 2.2.2 代表性案例分析

知识工程在 20 世纪 80 年代以后继续蓬勃发展，并被成功应用到了通用常识库建设、医疗知识整合等领域中。本节将通过分析

CYC 通用知识库、IBM Watson 医疗知识库与 YAGO 知识图谱等三个后期代表性项目，说明知识工程的持续价值及其在构建通用和专业知识库中发挥的关键作用。

#### ▶ CYC 通用知识库

该项目由道格拉斯·莱纳特（Douglas Lenat）于 1984 年发起，目标是开发一个包含各领域常识的通用知识库，并在此基础上使人工智能获得常识推理的能力。CYC 项目为后续的知识工程提供了大量的经验与案例。

不同于当前的机器学习等统计方法，CYC 通用知识库的核心力量来源于符号逻辑推理。它拥有一个包含上千万条信息的知识库，以及一千一百多个协同推理的引擎。CYC 通用知识库使用了一种表达能力极强的语言 CycL 进行编码，可以表示任何自然语言的内容。另外，CycL 可以进行各种复杂推理，包括演绎推理、归纳推理和归因推理。

CYC 通用知识库平台可以访问外部数据库和网络服务，进行虚拟数据整合。也就是说，它不需要提前导入所有数据，而可以根据需要实时查询外部数据源。这种方式避免了大规模的数据移植，也使 CYC 通用知识库可以始终获取最新的数据。此外，CYC 通用知识库可以为用户解释每一步的推理结果，确保推理过程的透明性和可审计性，这对一些需要可解释性的重要应用场景至关重要。总体来说，CYC 通用知识库实现了一种高效的数据集成与推理过程可解释性的独特组合。

此外，CYC 通用知识库正在发展自然语言理解能力，这是其发展的下一个阶段。总体来说，在机器学习与大模型尚未流行时，CYC 通用知识库是知识工程的代表性案例，至今仍部署于医疗、能源、金融等领域，为全球数十家大型企业解决关键业务问题。它可以单独使用，也可以与统计人工智能技术协同工作。尤其在样本数据不足的场景下，CYC 通用知识库可以发挥独特的效果。

#### ▶ IBM Watson 医疗知识库

IBM Watson 医疗知识库项目启动于 2015 年，目的是聚合全球范围的医疗知识和数据，为临床决策提供信息支持。IBM 公司投入了大量资源来发展 Watson 医疗知识库在医疗保健方面的应用，包括收购多家健康数据公司。

IBM Watson 医疗知识库采用自然语言处理技术，从全球各地的临床文献、试验研究报告、结构化数据库等渠道中抽取医疗知识。这些分散的知识源经过"清洗"、规范化等工程流程，最终集成到知识库中。目前，该知识库已拥有包括疾病、药物、临床试验等上亿条医疗概念。

基于这个庞大的结构化知识库，IBM Watson 医疗知识库在理论上可以辅助医生进行复杂病理诊断，提供有证据支持的治疗方案。它可以在短时间内检索、分析海量医学数据，提升临床决策质量。如在肿瘤诊断和治疗方面，IBM Watson 医疗知识库号称可以为医生分析上万页的医疗文献，以识别最优的治疗方案。但受制于早期机器智能的局限，IBM Watson 医疗知识库在处理非结构化的病历文本时存在困难，无法像医生那样深入理解医学文献，也无法从病例数据中获得对治疗的新见解，再加之商业化过程中的困难，最终未能成为理想中诊断或治疗的机器医生，其在临床上对人类医生的帮助也被证明较为有限。

尽管 IBM Watson 医疗知识库在当下已不复当年的盛名，但它仍是知识工程领域一个重要的案例，展现了知识工程在构建专业领域知识库中的关键作用，也为后续的医疗领域人工智能提供了知识基础。

#### ▶ YAGO 知识图谱

YAGO 知识图谱是一项重要的通用领域知识图谱项目，由德国马普知识管理研究所于 2007 年启动。YAGO 知识图谱通过对维基百科、WordNet（一种基于认知语言学的英语词典）、GeoNames（全球地理数据库）等资源的整合，构建了一个规模巨大的通用知识图谱。

应用自然语言处理技术，YAGO 能够自动分析维基百科页面，抽取概念实体及其关系知识。这些文本表达的知识经过整合，以RDF 格式重新表示为结构化知识。目前，YAGO 知识图谱已经迭代到了 YAGO 4 版本，包含了约 6400 万个实体、约 10 万个类别、2亿三元组知识。

庞大的结构化知识源使 YAGO 知识图谱可以支撑各类知识驱动应用，如问答系统、信息检索、推荐系统等。例如，YAGO 知识图谱被应用于 IBM Watson 问答系统中，为提升问答准确率提供了重要知识基础。YAGO 4 中加入了大量手工构建的语义约束，包括不相交约束、属性域约束、值范围约束等，在保证知识覆盖广泛的同时，仍能保持逻辑的一致性，这也为知识推理和问答系统等方面应用奠定了坚实基础。

总体来说，YAGO 知识图谱通过对多源异构知识的重新梳理，构建了一个可容纳亿级实体与关系的大规模通用知识图谱，展示了知识图谱技术对知识工程的重要支撑作用。

## 2.3　数据驱动设计方式的兴起

随着计算能力的提升和数据积累，设计领域出现了从经验导向向数据驱动的转变。大规模设计数据的应用为设计决策提供了支持，人工智能技术也得以实现设计方案的自动化生成和评估。另外，传统的 CAD 工具与人工智能技术逐渐深入融合，推动了设计方式的变革。本节将分三个方面探讨这一转变：首先介绍大数据如何支撑设计决策；其次讨论人工智能在设计评估方面的应用；最后分析 CAD 软件与 AI 的集成如何拓展了设计的可能性。

### 2.3.1　大数据支持设计决策

#### ▶ 各类设计数据

在传统的经验驱动设计中，设计师主要依靠个人经验和样本积累进行创作，而大数据技术的发展为设计决策提供了新的支撑。在

多维数据共同支持设计决策

设计的各个阶段引入相关数据进行辅助，可以使设计更加科学且具备更高的可信度，譬如以下几种常见的数据类型。

**用户研究数据：**大量的用户调研数据、可用性测试数据可以帮助设计师更深入地理解用户需求，制定以用户为中心的策略。例如，汽车制造商可以收集来自各地区用户的海量反馈数据，分析不同年龄段用户的偏好，设计出具有区域化、差异化的产品。

**设计案例与背景数据：**通过爬虫的搜索技术查找大量的类似设计样本，可以寻找设计趋势和契合用户喜好的模式，有时还包括与其相关的背景数据，如建筑设计项目中，场地地理数据、气候数据等也是进行设计决策时必须要考虑的外部环境因素。

**数据融合：** 将这些分散的数据进行整合，有时可以发现更多机会。例如，结合气候数据和可用性数据分析某产品的不同设计在什么环境下获得了最好的反馈，可以得到设计优化的方向。这种数据融合也能支持设计师从宏观视角考虑各因素的关系，做出更准确的决策。

总体而言，各类数据的应用为设计决策提供了丰富的支持，也使设计过程变得更加可量化和科学。设计师可以依靠数据而非直觉进行设计，这也为后续使用 AI 算法进行设计评估与优化奠定了基础。

## ▶ 数据密集型设计方法

在大量设计数据的支持下，一种新型的数据密集型设计方法应运而生，它以数据而不是经验规则作为设计的主要驱动力。

数据密集型设计会先收集大量与设计相关的数据，如用户调研数据、行业样本、环境数据等。这些松散的数据经过处理整合，变成了结构化的数据集以供使用。设计师基于这些数据集进行创意设计和方案优化，所有设计决策都有数据支持。例如，在设计汽车零部件时，可以收集该零部件类别的大量案例数据，以及测试其机械性能的数据，让设计师从中发现设计参数与性能之间的内在关系，指导进一步设计。在建筑设计领域，可以整合地形地貌、日照等环境数据，以及类似项目的案例，制订出科学合理的方案。

相比于经验导向设计，这种密集使用数据的设计方法更能确保设计方案符合环境需求，也能使复杂的设计任务变得可控、可量化。

例如，基于海量用户喜好数据设计的产品往往更符合消费者需求。它依托大数据实现了设计的精确化，与人工智能技术的应用也能够高度协同。

简单来说，数据密集型设计是与高度依赖设计师个人经验与素养的传统设计方法截然不同的一套方法论，更接近于科研而非艺术。

### ▶ 计算机科学与规划的三次重合——CityForm 实验室

CityForm 实验室是一个典型的利用数据驱动进行城市设计的案例。该实验室隶属于麻省理工学院，专注于城市规划、出行和城市设计研究。这种交叉领域的结合，尤其是计算机与规划领域的结合被其创始人安德烈斯·塞夫萨克（Andres Sevtsuk）称为三次重合。

第一次重合可以追溯到 20 世纪 40 至 60 年代信息论萌芽之初的麻省理工学院。1948 年，克劳德·香农和诺曼·韦弗（Norman Weaver）发表了《通信的数学理论》，论文中的内容十分具有开创性，许多城市规划者试图将新兴的信息理论与规划实践结合。1962 年，理查德·迈耶（Richard Meier）与麻省理工学院出版社合作出版了《城市发展的通信理论》（*A Communications Theory of Urban Growth*），书中提出了 "hubit" 的概念——一个人使用各种身体感知器官从周围环境中解码的基本信息单位，无论直接感知建成环境，还是通过收音机、电视、报纸、书籍等媒介。理查德·迈耶认为，城市的终极吸引力在于它们能够提供丰富多样的信息交流方式，使人们能够寻找机会、组织志同道合的人，或者仅仅满足人们与生俱来的好奇心和探索欲望。

第二次重合发生在 20 世纪 70 年代麻省理工学院的系统动力学理论发展过程中。赫伯特·西蒙提出了评估可选方案的实用方法，这也在规划领域被广泛采用。杰伊·福雷斯特（Jay Forrester）在 20 世纪 70 年代将控制论应用于社会现象中，其系统理论被用来模拟房地产周期、公司决策等相对复杂的多智能体过程。福雷斯特认为，城市也具有复杂系统的特征，这为计算机分析应用于城市研究铺平了道路。

20 世纪 80 年代后期，尼克·尼葛洛庞帝（Nicholas Negroponte）和杰罗姆·韦斯纳（Jerome Weisner）在麻省理工学院建立了媒体实验室，这也代表着第三次重合的开始。比尔·米切尔（Bill Mitchell）将城市主义和环境设计引入该实验室，并将计算机辅助设计和计算引入麻省理工学院中的建筑与规划学院。地理信息系统（Geographic Information System，GIS）的出现也推动了这一发展进程，它使空间信息可以通过定位地球表面上的几何对象进行存储，并使每一个地图要素都可以携带大量潜在数据。这些数据可以与其他数据交叉引用，或与其他地方建立空间关系，从而产生分析和模拟人工与自然环境的强大工具。

安德烈斯·塞夫萨克认为，第三次重合是最重要的，他有着如下的表达：这一次，这项工作由麻省理工学院的计算机科学家和城市规划师及设计师共同领导，这意味着此次不仅将探索解决城市问题的新的分析方法，而且必须将规划历史和规划理论置于城市科学的中心。规划者知道，有许多问题不能用定量方法很好地解决，许多城市问题由于植根于复杂的权力动态和政治环境而难以解决。出于某些善意的原因，城市规划师和设计师也不愿意过度使用技术仪器来监测城市空间，特别是当这些技术会强化主导做法、观点和不平等的权利关系的时候。我认为这些都是值得一试的挑战，它将使工作更有趣、更有意义，使重点从过于依赖计算转移到结合我们通常认为不属于技术的城市做法和过程，但批判性思考、分析、可视化和辩论肯定可以强调和解决甚至改进这些做法和过程。[1]

### 2.3.2 AI 实现设计质量评估

在数据的支撑下，设计数据的积累也启发了人工智能技术在设计评估方面的应用。人工智能可以实现对设计质量的自动化评测分析，输出优化建议，是数据驱动设计方法的有力补充。

本节将介绍人工智能如何帮助设计师对不同方案进行客观评估，为设计师提供更科学的决策依据。首先，人工智能可以实现设计方案的定量评价，消除主观性偏见。其次，人工智能还可以通过生成对比设计样例，辅助设计师选案。最后，通过具体的项目案例，进一步展示人工智能在设计评估中的应用实践。

#### ▶ 定量评价设计指标

在传统设计评估中，设计师需要依靠主观经验对设计方案的优

---

1　https://cityform.mit.edu/news/cfl-moving-to-mit

劣做出判断。但这种评价容易受个人偏好影响，不同设计师的结论也难以保持一致，评判标准和流程不够系统化。例如，同一款产品的外观设计，五位专家可能会有两到三种不同意见。而集成了人工智能的设计系统可以实现设计方案的定量评分。具体来说，系统会综合考虑各项设计指标，如功能完整性、预计成本、生产难易程度、美观度、符合规范程度等，并给每个指标预先设定权重，如美观度占 40%、成本占 30%。在获得设计参数后，系统会按照指标计算设计的得分，进行加权求和，得到该设计方案的总体评分。这样，不同设计方案就可以非常简单地根据数值进行比较和排序，评判出评分较高的方案。相比于主观评判，这种定量评价非常系统、客观，评分标准一致，不会受个人偏好影响。设计师也可以通过调整各指标的权重，得到不同侧重的评分结果。

总之，人工智能能够实现设计自动定量评分，使复杂的设计评估科学化和系统化，输出有依据的决策建议，突破经验判断的局限，提高设计决策的效率和质量。这项功能已被广泛应用于支持设计决策的智能系统中。

▶ **生成对比设计方案**

人工智能可以通过自动批量生成设计方案来辅助设计师的选案决策。这一功能的价值在于，人工智能可以提供更丰富的选案样本，拓宽设计师的视野。其基本工作流程如下。

首先，设计师需要输入产品设计的主要参数和要求，这些要求会定义产品的尺寸范围、材质选择、元素组合方式等方面，为设计定下基本边界和自由空间。这些设计要求需要尽可能清晰和完整。

其次，人工智能系统会全面解析这些设计要求，动态组合可能的元素，调整参数范围，并应用不同的设计风格或模式自动生成大批设计方案样本。系统可以在几秒内产出上百种设计样本，这些样本覆盖了定义要求下的广泛设计空间。

再次，设计师可以仔细查看这些 AI 生成的设计样本，并与自己

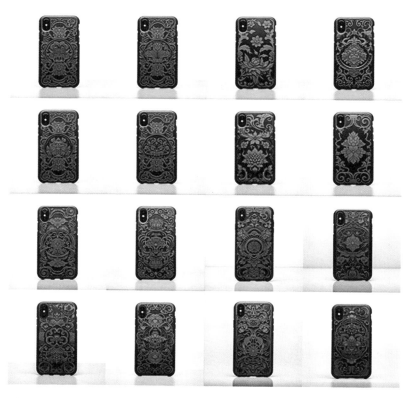

利用人工智能生成的手机壳

最初的方案样例进行比较，通过对比发现自己设计的不足之处和可以优化改进的地方。不同的样本也可能从不同维度为设计师带来启发和灵感。

最后，设计师还可以通过用户调研、评估等方式判断哪些样本反响更好，并将其作为决策的重要依据。人工智能提供的大规模样本使这种测试成为可能。

相较于设计师手工绘制的有限样例，人工智能可以以几十倍的效率提供数量繁多、风格各异的样本，大幅提升了设计选案的效率，真正拓宽了设计空间。

### ▶ 小库科技

小库科技将人工智能垂直应用于建筑行业的多个场景，该公司使用人工智能技术辅助城市规划、设计建筑方案、开发决策，主要产品为人工智能设计云平台，提供分析—设计—审核—管理全流程增效方案。

小库科技——闪电草图

一个典型的前期方案用传统的方式大概需要 24 道工序，建筑师需要在十多款不同的软件里反复切换。而借助 AI 和云计算的能力，原本需要 240 小时的一个住区规划设计，在其平台上只需要 2.4 小时就能完成，缩短了 99% 的时间。

基于对数十万户型的深度学习，小库也推出了一款人工智能设计引擎，它可以按需生成楼户型方案。用户在上传建筑外轮廓后能生成多种户型方案，并支持各类参数调整，只要选择户型、核心筒，即可自动生成楼道，实现楼型智能拼合，并能实时计算反馈标准层面积、实用率等指标。

通过引入人工智能技术，小库科技改进了住宅设计流程，并提高了住宅设计的效率和质量，也间接说明了基于规则和数据的生成式设计在效率上相较于传统设计方法有压倒性优势。

### 2.3.3　CAD 集成 AI 技术

计算机辅助设计的出现极大地推动了设计方式的变革。本节将简单说明一些工业领域的 CAD 流程引入 AI 的思路，以及丰田研究院、Synopsys 等企业的具体案例，说明 AI 与 CAD 的集成如何实现了设计工作流程的优化。

#### ▶ 技术意义与应用前景

从 20 世纪 80 年代开始，CAD 软件开始集成诸如知识库、神经网络、遗传算法等人工智能技术，这些技术赋予 CAD 系统一定的智能性。传统的 CAD 仅提供绘图工具，而集成了人工智能的 CAD 系统可以主动辅助设计师进行创意设计、方案评估、优化等。这种集成极大地拓展了 CAD 软件的功能范围，将其从被动的绘图工具转变为设计师的智能助手和设计伙伴。设计师可以在 CAD 系统智能支撑下自动产出多种创意设计方案，而不需要大量手动设计劳动，这使复杂产品的开发周期大幅缩短，提高了设计效率。

从更深层次来说，CAD 与 AI 的融合也推动了设计理念和设计方法论的变革。依托 AI 赋予的创意生成与自主优化能力，CAD 系统可以突破设计师个人的局限，探索更大的设计空间，达到新的高度。这正如计算机在围棋领域取得的突破一样，人工智能与 CAD 系统的融合实现了设计活动的智能化升级，推动了设计方式的自动化革新，对产品开发过程产生了深远影响。

## ▶ AI 辅助汽车设计技术

在未来的一些设计实践中，设计师可以通过文本提示制作一套基于初始原型草图的设计，这些设计具有"流线型"、"SUV 式"和"现代"等特定风格属性，同时还可以优化某项定量性能指标。在论文《使用欧几里得距离函数解释和改进扩散模型》（"Interpreting and Improving Diffusion Models Using the Euclidean Distance Function"）和《车辆图像产生的阻力引导扩散模型》（"Drag-guided diffusion models for vehicle image generation"）中，作者团队关注的是空气动力阻力，这种方法也可以优化从设计图像中推断出的任何其他性能指标或约束。

想象中未来的汽车设计过程

▶ **CAD+ 深度学习**

在生成式 AI 中，使用大量数据集，提取其抽象特征进行训练并进行解码成为常用的方式，文字、图像、音频等都可以通过这种方式进行编码与解码。然而，CAD 文件由于其自身特点，在操作的顺序性和不规则结构上对现有的 3D 生成模型形成了重大挑战。有多位学者对如何使用深度学习的方式对 CAD 文件进行训练与生成提出了重要的方法论。

《深度 CAD：计算机辅助设计模型的深度生成网络》（"DeepCAD: A Deep Generative Network for Computer-Aided Design Models"）这篇论文是其中重要的代表。作者通过将 CAD 操作与自然语言之间进行类比，提出了基于 Transformer 的 CAD 生成网络。为了训练网络，作者创建了一个新的 CAD 数据集，包含 178 238 个模型及其 CAD

构建序列，并已将此数据集公开，以促进未来对此主题的研究。

《层次神经编码在可控 CAD 模型生成中的应用》（"Hierarchical Neural Coding for Controllable CAD Model Generation"）这篇论文提出了另外一种解决方案：一种新颖的 CAD 生成模型。该模型将 CAD 模型的高级设计概念表示为三级层次树形的神经代码，从全局部件排列到局部曲线几何形态，通过指定目标设计的代码树来控制 CAD 模型的生成或完成。

当下这些研究均处在前期探索阶段，还无法真正投入设计实践中，但是他们展示出了不同文件在编码、解码与使用神经网络训练过程中的难点与解决方案，并为后续的深入研究与更强大的生成式模型提供了重要的思路。

▶ **Synopsys.ai**

Synopsys.ai 是业界首个提供全栈人工智能驱动电子设计自动化（EDA）工具的解决方案，它覆盖了从系统架构到芯片设计与制造的整个流程，可以有效应对芯片设计复杂性带来的诸多挑战。Synopsys.ai 包含三大核心模块：设计空间优化 DSO.ai、验证空间优化 VSO.ai、测试空间优化 TSO.ai。这三大模块分别应用于芯片的设计优化、功能验证和制造测试环节，使用人工智能技术实现自动化，显著提升了这些流程的效率和质量。

具体来说，DSO.ai 利用强化学习等技术探索庞大的设计空间，帮助工程师获得芯片更优的功率、性能和面积结果；VSO.ai 可以分析 RTL 代码，自动识别验证覆盖的薄弱区域，从而指导验证工程师更快达到功能覆盖目标；TSO.ai 则可以搜索出最优的测试模式，帮助工程师实现测试时间和测试成本的最小化。这三大模块覆盖了芯片设计周期的关键环节，使用 AI 实现了自动化，极大地提高了工程效率。

此外，Synopsys.ai 还提供了全面的 AI 驱动数据分析解决方案，可以在整个设计—制造周期中分析从不同环节收集到的海量数据。例如，Design.da 可以通过分析设计数据获得行动指导；Fab.da 可以分析制造数据提高良率；Silicon.da 可以使用硅芯片数据改进芯片性能。这套端到端的数据分析方案可以深入挖掘数据价值，使工程师能够及时采取行动，提升芯片质量。

综上所述，Synopsys.ai 作为业界首个全栈 AI 驱动 EDA 解决方案，不仅包含了覆盖关键设计环节的 DSO.ai、VSO.ai 和 TSO.ai 等模块，还提供了端到端的数据分析方案，全面利用 AI 的力量提升芯片设计与验证效率。Synopsys.ai 可以处理复杂的设计工作，减少重复工作，使工程师能更集中于创新活动。这套解决方案有望成为新一代 EDA 工具的重要典范。

# 人工智能在创意
# 过程中的应用

创意设计是当今社会不可或缺的组成部分，它为我们的生活和文化注入了无限活力。而如今，人工智能技术正在引领一场创意设计的革命。

创意设计的核心在于原创性和独特性，设计师需要擅长观察生活，从中汲取灵感，运用想象力创造出富有美感又功能优异的设计作品。这个过程需要丰富的想象力与创造力，然而我们每个人的经历有限，想象力也存在局限，这些因素都会约束创意的焕发。

人工智能为设计师提供了前所未有的新工具。作为计算机科学与认知科学的结晶，人工智能系统可以高效处理海量数据，识别隐藏模式，并模拟人类的思维方式为创意设计找到新的可能性。

从算法艺术到自然语言处理，从交互式设计工具到用户体验优化，人工智能为设计注入了强大的计算能力，它可以帮助设计师克服创作的局限，生成更加丰富多样且新颖独特的设计方案。同时，用户反馈也可被快速融入设计迭代周期中，使创意设计更贴近使用者的真实需求。

可以说，人工智能正在引领一个创意设计的新时代。本章将深入探讨这场变革，为读者呈现人工智能与创意设计交会的前沿动态。我们将一窥这种融合带来的无限可能，并在此过程中反思创意设计的本质与未来。

## 3.1　人工智能与创意的融合

创意设计与人工智能是两个看似毫不相关的领域，但随着技术的进步，二者正在加速融合，开启一个崭新的时代。为了真正理解其中的奥秘，我们有必要首先反思创意设计的本质是什么，以及人工智能是如何补充和增强设计师的创造力的。

创意设计是一项融合艺术、科学和实践的创造活动，需要设计师具备独特的审美和艺术感知力，并用创新的思维解决现实生活中的问题。这个过程极富挑战性，因为我们每个人的生活经历和认知方式都有限，设计师需要超越自我，从更广阔的视野中汲取灵感。

未来艺术 = 创意 + 技术

与此同时，人工智能系统具有处理海量信息、发现隐藏模式并快速迭代的卓越能力，这为扩展设计师的认知提供了可能。本节将首先厘清创意设计的内涵，然后讨论人工智能如何有效补充人类设计师的创造过程，为设计师提供更丰富的选择。

理解人工智能和创意的交互非常重要，因为这将是未来创意设计模式的主导趋势。本节将为读者奠定这方面的理论基础，以便我们在后续的内容中深入探讨具体的应用实践。

### 3.1.1　创意设计的本质

#### ▶ 定义创意设计

什么是创意设计？简单来说，它是指将独创性思维应用于设计实践，以创造富有美感、功能优异且独特的设计作品。根据美国设计师协会的说法，设计就是"创造性解决问题的过程"。因此，创意设计强调原创性和解决问题能力的有效结合。

具体来说，创意设计是一个开放式的认知活动，设计师需要积累丰富的生活经验和跨领域知识，并将其转化为独特的设计灵感。这种灵感来自对已有设计模式的反思，对社会文化背景的洞察，以及对用户需求的把握。传奇时装设计师伊夫·圣·罗兰（Yves Saint Laurent）说过："设计师需要成为他们那个时代的镜子。"这句话恰如其分地阐释了设计对时代精神的感知力。

把这些灵感转化为现实解决方案，需要非凡的想象力和艺术创造能力。正如建筑大师弗兰克·劳埃德·赖特（Frank Lloyd Wright）

所言："一个人只须在脑海中道出'我要尝试做这样一种东西'，就足以在该课题上获得整夜的灵感。"想象力和表达形式的结合，是赖特"有机建筑"风格的核心要素，也是创意设计的关键。

因此，从这个角度看，创意设计强调观察、理解、创造和实践的有机结合。它既注重设计方案的独创性和美感价值，也看重解决实际问题的可行性和效果。创意设计需要设计师具备敏锐的洞察力、开阔的视野，以及实现构想的能力。这使它成为艺术、科学和实践的综合体，具有独特的魅力。

### ▶ 创意设计的特征

创意设计的第一个特征是原创，这是创意设计最核心的特征，也是它与其他设计活动的重要区别。创意设计强调打破既有的设计思维模式，摆脱规则和框架约束，从全新的视角进行创新性思考。设计师需要保持高度的好奇心和探索精神，不断寻找和挖掘新的设计灵感来源。这种源源不断的原创设计思维需要设计师具备广阔的知识面，对各个领域的新兴趋势和潮流变化保持敏锐的洞察力。同时，设计师还要勇于突破自我认知局限，以全新的眼光审视世界，这样才能创造出与众不同且富有启发性的设计方案。

创意设计的第二个特征是美感。创意设计非常强调作品的艺术性和审美价值，设计师需要精心构思，创造富有美感的设计作品，给人视觉和情感双重的愉悦体验。这需要设计师对人的心理和生理需求都有深刻的理解，并对比例、色彩、造型、材质等多方面元素进行细致考虑和把握，通过作品的视觉冲击力激活用户的情感，使用户产生共鸣。出色的创意设计作品往往能成为一个时代的经典，展现独特的美学风格。

创意设计的第三个特征是解题。创意设计并非纯艺术创作，而是需要解决具体的问题，满足特定的需求。设计师不能仅停留在纯艺术层面，而要深入了解产品实际的应用场景和使用需求，使创意概念能够转化为可实施的解决方案，真正满足用户和市场的需求。这需要设计师在美学创新之外，还要考虑成本、工艺、用户体验等多方面因素。

最后，创意设计也强调叙事的能力。出色的设计需要讲述一个扣人心弦的故事，通过演绎设计的内在情感和文化内涵打动用户，与用户建立情感连接。

### ▶ 创意设计的过程

创意设计从概念到实物的产出是一个复杂的循环迭代系统，需要设计师进行持续的思考、优化和完善。一个完整的创意设计过程通常包括以下几个关键阶段。

需求分析阶段。这是创意设计过程的起点，也是极为重要的基石。设计师需要对用户、市场、环境等进行全面且深入的分析，确定项目的具体需求和设计目标。这需要设计师通过大量的用户访谈、市场调研、数据分析等方式收集信息，具体分析用户的痛点和需求，剖析市场的机会所在，并考量环境或场景对设计的影响因素。只有做到了对需求的深入挖掘，后续的设计工作才能够具备明确的方向感和针对性。

构思和草绘阶段。在明确设计需求后，设计师需要发挥想象力进行头脑风暴，提出多个初步设计构想来满足这些需求。经过大量漫无目的的思考、涂鸦和速写，会形成最初的设计灵感素材。这是一个非常开放和自由的思考阶段，设计师需要跳出框架，从多个角度进行构想，甚至提出一些看似荒谬的点子。有了充分多样的构思素材，才能为后续设计提供可能性。

设计方案创作阶段。积累了足够丰富的创意素材后，设计师开始有针对性地创作出初始的设计方案。这可能包括产品草图、界面线框图、空间基本布局等具象形态，要表达出设计的基本样貌。初始设计方案可以比较粗糙，但需要把握好整体构图的基调。这一阶段需要比较深入的逻辑性思考。

方案评估和迭代阶段。在初始设计方案形成后，设计师需要进行全面的评估和分析，以找出其中的问题和改进空间。这可能需要进行多轮用户调研、可行性分析、成本评估、专家评议等，设计师需要具备批判性思维，从多角度判断现有方案的优劣。在找到问题后，设计师要进行有针对性的迭代和优化，逐步完善方案的可行性和用户体验，有时可能需要大幅修改或重新构思。充分的评估和迭代是创意设计过程中最关键的环节。

细节完善阶段。在几轮迭代后，设计师会进入细节完善阶段，这需要设计师对色彩、材质、字体、图标等每个元素进行精雕细琢，将方案调整成一个有机的整体。设计师此时需要注重人机工程学原理，通过不断微调和交互测试来优化用户体验的各个细节，以期达到和谐统一的视觉效果和较好的用户体验。这需要很强的审美能力和工艺技巧。

最终实现阶段。经过多轮优化的设计方案将进入实际执行和实现阶段，这可能需要进行样机制作、编程实现、产品制造等，最终将设计方案转换为现实产出。设计师需要把控好整体方向和质量，与工程团队进行充分协作。在实施过程中，还会有新的问题和优化机会出现，设计师需要保持灵活性。

创意设计是一个循环迭代的过程，需要设计师持续地思考和优化，通过多个阶段最终实现设计创意。这是一项极富挑战且尚无定式的创造性实践。

## 3.1.2 人工智能如何弥补创意设计的不足

▶ **高效生成大量设计方案**

人工智能具有高速计算和并行处理海量数据的能力，可以在极短的时间内自动批量生成大量独特的设计和艺术作品，这为设计师提供了巨大的支持。

目前，许多人工智能应用已经能够自动快速生成平面设计作品、数字图像、音乐等创意内容。这是通过提取海量设计样本构建数据集，然后训练机器学习算法，对这些样本进行学习和泛化完成的。训练好的算法模型可以准确捕捉样本中的潜在规律和模式，根据预设的参数随机组合生成全新的作品。相比于人工设计，这种方式可以每秒产出成千上万幅原创作品。

这种高效自动化的批量生成为设计师提供了极大的可能性。设计师可以将 AI 算法产出的大批量作品作为创意设计的基础原材料，进行评估筛选，选择感兴趣的作品进行后续的迭代和完善，从中汲取灵感，或者直接获取艺术启发。这为设计师提供了远超个人经历的丰富"词汇"，极大地拓展了创意设计的可能性，加速创意的产生。

同时，算法作品的批量产出也使设计师可以更直观地观察不同参数对作品风格的影响，这有助于设计师对设计建立更科学、系统的理解，对设计元素进行更精细化的控制，从而可以更高效地进行设计方案的调整和优化。

借助人工智能，设计师可以打破由个人经历导致的创作瓶颈，实现难以想象的高效批量生成，将算法的输出作为重要的设计灵感源泉，使得人工智能成为创意设计过程中不可或缺的工具和助力。

### ▶ 分析学习成功设计案例

传统设计过程只能依靠人工分析，而人工智能的介入可以极大地优化设计师分析学习成功设计案例的效率和效果。主要表现为以下三个方面。

第一，自动解析大量设计案例，使用计算机视觉等技术快速提取案例的结构、样式、色彩、空间元素等设计规律和具体参数。这可以为设计师节省大量重复分析的时间，使他们可以更多聚焦在创意思维和重点元素的理解上，提升学习效率。

第二，人工智能可以采用自然语言处理技术，自动化分析设计师和用户对案例的评价文本，辅助设计师从语义层面判断案例的优劣势和吸引力所在，获得更全面的定量评估分析。这可以帮助设计师更深入地理解经典案例的独特价值。

第三，运用机器学习算法，可以自动对不同风格和类型的大量设计案例进行分类，发现不同案例之间的共性规律，拓宽设计师的视野，帮助设计师形成更丰富、完整的设计语言系统。

## ▶ 不断迭代、优化设计方案

相较于设计师仅凭主观经验进行设计迭代，人工智能的介入可以实现更快速、高效的设计方案优化和持续完善。

人工智能可以通过构建精确的设计评估模型，对大批量设计样本进行多维度分析，评估其中的优劣，再根据评估结果快速识别最佳候选方案，为设计师提供更科学的方案选择依据。评估维度可以包括用户体验、交互友好性、视觉吸引力等，人工智能利用计算机视觉、语音识别等各种算法技术为设计样本进行量化打分，消除设计师的主观偏见。

设计师产出初始方案后，人工智能可以有针对性地进行自动化设计迭代、优化。人工智能可以通过逐步改变设计的参数，如颜色、布局、字体、组件等，使用生成算法产出成千上万种新的设计迭代组合。设计师可以从中选择最优化的设计方案。此外，人工智能还可以基于用户数据，采用强化学习的方式自动探索最优设计方案。甚至，人工智能可以持续跟踪用户的使用数据和反馈，实现设计方案的动态优化和持续升级。它可以从海量用户群中学习使用模式，使用机器学习算法持续优化设计，使产品迭代达到最佳状态。这种大数据驱动的持续学习是人类设计师难以企及的。

因此，人工智能为设计的评估、迭代和优化带来了高效、便捷的新途径，弥补了人工设计的不足，是设计师的重要助手。

## 3.2  自动化生成创意与设计

人工智能在创意设计领域的应用中，最令人欣喜和惊叹的就是它可以自动化生成各种艺术和设计作品，这打开了设计创作的新局面。

创意设计看似是人类独有的高级认知活动，需要高度的想象力和艺术敏锐度，但通过机器学习和神经网络，人工智能系统已经能够模拟人类的创作模式，基于学习大量样本，自动生成新颖、独特的画作、音乐、文字等创意内容。

本节将详细探讨人工智能在艺术设计领域的自动生成应用，帮助我们了解算法艺术的发展历程，GAN 如何创作图像，以及自然语言处理技术如何自动创作诗歌和小说。这些案例说明，在处理了海量创意设计样本后，人工智能可以学习并模拟它们的内在语法与结构，产生新奇的组合。它为我们打开了一个前所未有的创意空间，让设计有了更多可能性。我们也将深入探讨这种应用对设计行业的影响。

### 3.2.1 生成艺术与绘画

▶ **基于规则的算法艺术的早期发展**

算法艺术是使用计算机算法自动生成或辅助创作视觉艺术作品的一种数字艺术形式，它经历了一个从简单到复杂的发展过程。

20 世纪 50 年代，艺术家们就已经利用机械和数学原理来生成艺术作品。本杰明·弗朗西斯·拉波斯基（Benjamin Francis Laposky）是早期数字艺术的先驱之一。20 世纪 50 年代，他创作的带有波形图（Oscillons）的抽象艺术作品，被认为是第一批计算机图形作品。他使用示波器和正弦波生成器等电子设备制造出所谓的"电子组合"，通过正弦波生成器在示波器屏幕上显示电子振动的曲线，然后用高速摄影机把静态图像记录下来。拉波斯基的作品探索了由物理学中的力产生的曲线的自然形态，以及基于数学原理的各种波形 [ 如正弦波、方波和李萨如（Lissajous）图形 ]。

随后在 20 世纪 60 年代，更多的艺术家运用计算机算法进行艺术创作。乔治·尼斯（Georg Nees）等人通过编程控制绘图机来创作，使用算法语言（Algorithmic Language）编写的新图形库 G1、G2 和 G3 用于控制 Zuse Graphomat Z64 绘图机和生成随机数。尼斯的代表作有创作于 1965 年的《弧线旋涡》、1968 年的《碎石》（Schotter），这些作品在视觉上展示了从有序到无序的过渡。

在算法艺术的历史中，还必须提到阿里斯蒂德·林登梅尔（Aristid Lindenmayer），1968 年，他提出了 L-system 系统，这既是一种并行重写系统，也是一种形式语法。L-system 包含一组用来构造字符串

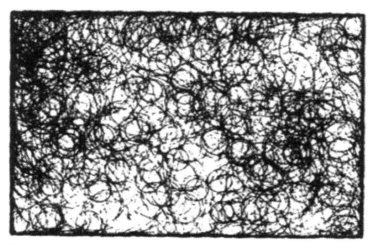

《弧线旋涡》( *Kreisbogengewirre* )

L-system 产生的类似植物的数字图形[1]

---

1  https://erase.net/projects/l-systems/images/page.12.1024.jpg

的符号，一系列用来将每个符号扩展为更大的字符串集合的生产规则，以及一个作为构造的起点的初始的"公理"字符串，而有机制将生成的字符串转换成几何结构。L-system 最初是为了描述植物细胞的行为、模拟植物生长过程而开发的，但后来也被用来模拟多种生物的形态，并可以用来生成自相似的分形图形。这些系统能够描绘递归自然的生长，随着递归层次的增加，形态会逐渐"生长"并变得更加复杂。

### ▶ 基于机器学习等新兴人工智能技术的演变

在 L-system 之后，还有一些经典的生成式算法，如元胞自动机和深度学习中的风格迁移（Style Transfer），并在实际项目中开始运用。其中，扎哈·哈迪德建筑事务所将数学规律用在生成式设计与实际建造的过程中，开辟了新的应用场景。在此之后出现的 GAN 及其他机器学习技术则引领了算法艺术的新纪元，为艺术创作提供了新工具。

GAN 由两个神经网络组成：一个是尝试创造新图像的生成器；另一个是尝试判断图像真实性的鉴别器。这两个网络在一种称为"零和游戏"（或零和博弈）的设置中竞争，生成器的目标是创造出鉴别器无法区分的真实图像，而鉴别器则尝试准确识别出哪些是生成器创造的图像。这种方法使得生成器能够学习如何制作越来越逼真的图像，而不需要特定的监督信号。

2014 年，伊恩·古德费罗（Ian Goodfellow）等人首次提出了 GAN 技术。它的核心理念是通过鉴别器来"间接"训练生成器，这

凡·高风格的《蒙娜丽莎》

意味着生成器不是被训练用来无限缩小与特定图像的距离的，而是被训练用来欺骗鉴别器。这使得模型能够以一种无监督的方式学习。

　　GAN 的一个变种是循环生成对抗网络（Cycle-Consistent Generative Adversarial Networks，CycleGAN），它特别适用于风格转换。CycleGAN 能够在不改变内容的情况下，将图片从一个风格域转换到另一个风格域。例如，将一张照片从现代风格转换到凡·高的后印象派风格，虽然特定的凡·高到卡拉瓦乔风格转换没有可用的例子，但 CycleGAN 在艺术风格迁移方面的应用已经得到了证明。

　　基于神经风格迁移算法的突破，计算机艺术家们纷纷采用卷积神经网络（Convolutional Neurl Network, CNN）来进行图像风格化，这类算法的关键在于通过训练学习提取图像的内容特征和风格特征。内容特征反映了颜色、边缘轮廓等视觉信息，而风格特征则捕捉了纹理、笔触等艺术特性。通过重新组合内容和风格特征，可以将内容图像转换为具有特定艺术风格的图像。

美国人工智能组织 OpenAI 推出的 DALL-E 图像生产系统则利用了自动编码器（auto-encoder）架构，这种机制能够自动学习文本与图像特征之间的关系，仅通过文本描述就能生成高质量的图像。它的生成速度快，对文本长度的要求低，但需要具体的文本指示才能产生理想的效果。

另一种技术，Stable Diffusion 模型，使用了潜空间扩散模型。它的核心思想是在图像中引入噪声，逐步还原和增强图像，模拟艺术家的创作过程。因此，它能够生成更加连贯和自然的图像。这种方法对计算资源的要求较高，初始化阶段也依赖于文本指示。

另外一个热门的应用是 Midjourney[1]，其架构尚未公开，但从其生成过程来看，使用扩散模型的可能性比较大，并且由于社区化的运营，Midjourney 能够根据用户的评分不断迭代优化生成结果。它专门学习并模仿不同艺术家的风格，且能根据提示文本生成类似某位画家风格的新图像，拥有强大的风格化和仿真能力。

---

1  https://www.midjourney.com.

### 3.2.2 自动生成文学与创意写作

#### ▶ 自然语言生成技术介绍

自然语言生成（Natural Language Generation，NLG）技术，作为人工智能和计算语言学的分支，经历了从原始的规则基础到现代的深度学习框架的演进。

在 20 世纪 90 年代，随着商业应用的增加，NLG 开始采用更为高级的技术，如统计模型和机器学习。最初，这些系统可能只是基于模板，如邮件合并这样简单的应用，生成结构固定的表格信件。随后在人类编写的大量的文本语料库上训练，NLG 技术能够生成语法结构更加复杂的文本。尽管如此，早期模型仍然受制于其对语言内在结构的理解能力，通常仅能捕捉到短距离的词语依赖关系，并不能有效地管理或创造长篇连贯的文本。

这段时间 NLG 的代表性应用是菲利普·帕克（Phillip Parker）开发的算法，这一算法能够自动生成教科书、填字游戏和诗歌，以及涵盖书籍装订、白内障等广泛主题的书籍。这种算法的进步不仅提升了内容创作的效率，也为个性化和定制化内容的生成提供了可能性。

进入 21 世纪后，随着大数据和计算能力的提升，NLG 领域迎来了新的变革，特别是出现了 Transformer 架构。这种模型利用自注意力机制，能够理解和生成远超以往模型的复杂、连贯的文本。Transformer 架构的核心优势在于其能够处理远距离的依赖关系，因此可以生成在逻辑上一致的长文本。这一技术革新不仅影响了文本生成的质量，也极大地扩展了 NLG 的应用范围，包括但不限于创意写作、新闻生成、自动编程和多语言翻译。

特别值得注意的是 GPT-4（Generative Pre-Trained Transformer，GPT，生成式预训练转换模型，是一种基于互联网、可用数据来训练的文本生成的深度学习模型，数字 4 代表第四代），它是迄今为止最大的预训练语言模型，拥有万亿级的参数，可以生成高度逼真的文本。GPT-4 不仅能够生成流畅的叙述文本、对话和故事，在诸如诗歌和剧本等创意写作任务中也有出色的表现。该模型的训练方法，即在海量文本数据上进行预训练，使其能够捕捉丰富的语言模式和风格，随后通过微调来适应特定的写作任务。

▶ **自动生成文学作品**

NLG 技术的进步让计算机不仅能够生成功能性的应用文本，还能创作具有艺术价值的文学作品。

在 20 世纪 80 年代，基于模板和规则的程序雷克特（Racter）便已能生成类似诗歌的文字。尽管这些文本仅与人类创作的简单诗歌相似，但它们揭示了计算机文本生成的潜力。Racter 的诗集作品——《警察的胡子是半成品》（*The Policeman's Beard is Half Constructed*）就是具有代表性的例子，它展现了计算机生成文本的可能性，虽然这些文本的复杂性可能被夸大了。

进入 21 世纪后，统计语言模型和机器学习技术的发展进一步推动了 NLG 应用。例如，索尼 CS 实验室的循环神经网络（Recurrent Neural Network，RNN）模型能够创作叙事诗，这些诗歌不仅符合诗歌结构形式的要求，而且在情感表达上也颇具表现力。

GPT 系列模型的进步则提高了计算机文学作品的质量和多样性。GPT-2 可以生成情节丰富、结构完整的故事段落，而 GPT-3 则能够创作出具有诗意、节奏感和修辞效果的诗歌，这些作品不仅在技术上展示了模型的进步，也在艺术上显现出了计算机的创作潜力。这是 GPT-3 生成的两句诗：

*The ship sailed steady through storm and night,*

（船在暴风雨和黑夜中稳稳地航行，）

*For the captain kept her course aright.*

（因为船长保持着正确的航向。）

这两句诗不仅押韵，而且在意象和节奏上可以与人类创作的诗歌相媲美，这显示模型不仅掌握了语言的技巧，还能够在某种程度上模仿人类的创造性思维。通过以上例子我们可以看到，NLG 技术在模仿和产生具有创造性的文学作品方面已经取得了显著的进展。

## 3.3 人工智能辅助的创意过程

创意设计的核心在于原创性和独特性，设计师需要超越自我，在广阔视野中汲取灵感。而设计师中个体的视野毕竟有限，人工智能为设计师提供了突破这一局限的有力支撑。

本节将探讨人工智能如何辅助设计师进行创意设计，使整个过程更加高效、丰富和科学化。首先，了解各种交互式创意工具和沉浸技术，看它们如何扩展设计师的认知和想象力。然后，研究人工智能在用户体验设计中的应用，以及如何融入用户反馈改进设计方案。

人机交互正在变革传统的设计模式。人工智能不再是设计师需要单独处理的工具，而是整个创新过程中密不可分的部分。理解机器如何协助创作，对设计师来说非常重要。

### 3.3.1 创意辅助工具与技术

▶ **设计灵感的可视化工具**

在数字设计领域，人工智能可视化工具为获取设计灵感提供了强大的支持。这些工具能够根据设计师的初始构想快速生成大量相关视觉素材，拓宽设计师的思路并激发设计师更多创意。

如 Midjourney，它是第一个"出圈"的 AI 绘画工具，能够利用用户的文字提示生成逼真的图像，将简单的文本提示转化为令人惊叹的视觉杰作。相对于专业设计软件，Midjourney 非常适合初学者

Midjourney

使用，用户只须在一个 Discord 服务器中输入针对图像的文本描述，Midjourney 便能生成与描述相匹配的高质量定制图像。它还允许迭代设计，用户可以调整文本描述和图像，直到完全满意为止。

另一个 AI 艺术生成器 DALL-E 基于对比语言 - 图像预训练（Contrastive Language-Image Pre-Training，CLIP）模型，能够生成精确、高分辨率的图像。和 GPT 配合，它还能更好地"理解"文本提示，生成关联性更强且质量更高的图像。

用户已经使用 DALL-E 创造了电影故事板和儿童插画书籍。一些公司也在用 DALL-E 进行营销。例如，*Cosmopolitan* 杂志使用

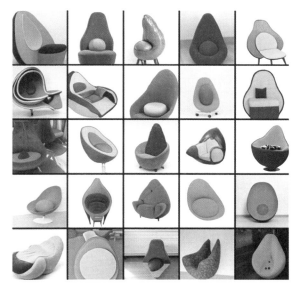

DALL-E 根据提示词"牛油果形状的椅子"生成的图[1]

---

1　https://openai.com/blog/dall-e/.

DALL-E 创建了"世界上第一个人工智能杂志封面"，而营养食品生产商亨氏（Heinz）也已经成功地使用 DALL-E 进行了营销活动。

　　无论是市场营销人员寻求的引人注目的视觉内容、游戏开发者需要的独特的资源，还是艺术爱好者探索的数字艺术世界，这些工具都能为他们提供强大的帮助。在设计师的工具箱中，这些 AI 工具正在成为不可或缺的组成部分。

### ▶ 交互式人工智能辅助系统

　　在数字化时代的洪流中，交互式人工智能辅助系统以其独特的实时互动能力，成为设计师不可或缺的智能化创意设计助手。这些系统的引入，不仅为设计领域带来了效率的革命，更为创意工作者提供了灵感的源泉。

　　创意应用软件 Adobe Creative Cloud 集成了 AI 助手功能，这些功能通过多模态交互，即语音和手势，与设计师沟通，协助其使用 Photoshop、Illustrator 等创意设计软件。设计师仅通过语音命令调整颜色，AI 助手便能实时生成并展示多种颜色方案供选择。手势控制同样可以帮助设计师快速完成图形的绘制和优化，极大地提升了工作效率。

　　微软推出的 AI 聊天机器人必应聊天（Bing Chat），为设计师提供了一种全新的交互体验。用户不仅可以利用语音交互理解问题和获取解答，还可以根据语音描述自动生成风格各异的图像，直接为设计创意提供支持。利用可视化搜索（Visual Search）功能，用户可以上传图片并搜索相关内容，再配合 OpenAI 的 GPT-4 模型，Bing

Chat 可以理解图片的内容，解释和回答有关图片的问题。这一特性为设计师提供了直接从视觉图像中获取信息和产生灵感的新途径。

微软在 Window 11 中加入的 AI 助手 Copilot 则功能更强大，它可以处理包括电子邮件、日历、聊天记录、文档在内的所有数据，并以此为基础进行推理，帮助设计师处理各种任务，从而提升创意水平和工作效率。Copilot 不仅能够在 Excel 软件中分析数据，在

Adobe 系列软件的官网介绍[1]

微软的 Copilot 服务介绍[2]

1 https://www.adobe.com/creativecloud.html.

2 https://www.microsoft.com/en-us/microsoft-365/enterprise/copilot-for-microsoft-365.

PowerPoint 软件中设计演示，在 Outlook 软件中处理收件箱，在 Teams 软件中总结会议，还能够在更多日常使用的应用程序中发挥作用。

由此可见，交互式人工智能辅助系统不仅为设计师提供了强大的辅助工具，还开辟了创意设计的新纪元。随着技术的不断发展和完善，设计师将能够更加自由地探索。

### ▶ 沉浸式技术增强创造力

沉浸式技术，特别是虚拟现实（VR）和增强现实（AR）技术正在以前所未有的方式改变设计领域。这些技术不仅为设计师提供了一种全新的工作和创造方式，还极大地扩展了他们的思维边界，并丰富了他们的创造力。

在建筑设计领域，VR 技术使设计师能够身临其境地体验和评估他们的设计方案。设计师可以进行交互式建筑的内部设计，在虚拟环境中添加楼层、调整布局和选择材质贴图，这沉浸式技术超越了传统 CAD 软件，为设计师提供了更加直观和具有强烈沉浸感的体验。

影片《世界因爱而生》中的男主人公创造了一个虚拟环境

例如，ZGF Architects 等公司已经在 50 多个项目中应用了 VR 技术，为设计团队和客户提供更直观的体验和反馈。VR 技术已从一种游戏体验演变成一个有价值的工具，它在从前端规划阶段到项目结束的所有阶段中都发挥着重要作用。

欧特克（autodesk）公司研究中的增强现实辅助设计 [1]

AR 技术则允许设计师将虚拟设计元素投影到真实的景观环境中，这在景观设计方案的评估和展示中非常有效。设计师可以通过 AR 眼镜在现场查看不同的虚拟植被、建筑和设施效果组合，这有助于他们更精确地判断方案与实际场地的匹配程度。AR 技术为设计师提供了一个强大的工具集，可以创造真实的、沉浸式的客户体验，显著提升了设计的效率和质量。

---

1　https://www.autodesk.com/solutions/extended-reality.

基于游戏和 3D 引擎打造的沉浸式设计平台正在为产品设计带来革命性的变化。设计师可以在三维环境中直接操作产品的 CAD 模型，这种方式类似于在游戏中进行设计，大大简化了设计流程，而且更直观。例如，许多汽车和家具行业的设计部门已经建立了这类 3D 虚拟设计平台，进行更具代入感的产品设计和评估。

可见，各类沉浸式技术为设计师提供了具有更高忠实度的工作环境，也必将持续释放创意设计的潜力。

### 3.3.2　创意与用户体验设计的交会

#### ▶ 根据用户反馈优化设计

在设计过程中，融入用户反馈不仅可以使设计更贴近用户需求，还可以不断优化用户的体验。而人工智能技术为实现这一目标提供了强大的支持，为设计领域带来了深刻的变革。

传统的用户反馈获取方法主要依赖于问卷调查、用户访谈等定性研究。这些方法虽然有助于了解用户的看法和感受，但往往需要大量的时间和人力资源，而且结果的分析和整理也相对烦琐。然而，随着人工智能技术的发展，特别是自然语言处理技术的成熟，我们可以更高效地获取和利用用户反馈，从而加速设计的优化过程。

自然语言处理技术可以自动解析用户提供的开放式反馈，提取其中的关键词和主题，实现对用户需求的快速定量分析。这意味着设计团队不再需要耗费大量时间阅读和手动分类用户反馈，而可以依靠机器学习算法高效地完成这项工作。这种智能化的反馈分析不仅能够帮助设计团队更全面地了解用户的痛点和期望，还可以让设计团队发现潜在的机会，为创新提供支持。

除了文本分析，AI 还可以在用户反馈的情感分析方面发挥重要作用。通过分析用户在反馈中的语气、情感以及面部表情等线索，洞察用户的情感状态。这种隐性情感分析不仅有助于识别用户的情感需求，还可以在设计过程中调整情感因素，以增强用户的情感联结。

融入用户反馈的过程并不仅限于设计的初期阶段，它是一个不断迭代的设计流程。一旦收集到反馈，设计团队便可以利用 A/B 测试平台，自动生成多个设计样本。每个样本具有不同的设计参数，这些样本将在大规模用户群体中进行评估，以收集用户的偏好数据。通过分析这些数据，设计团队可以了解哪些设计元素受到用户欢迎，哪些需要改进。这种数据驱动的方法可以大大提高设计的精确度和用户满意度。

此外，强化学习算法也在设计优化中发挥着关键作用。这些算法可以根据用户的实际互动来不断调整设计，使其逼近最佳状态。比如，美国食材电商 Blue Apron 利用算法优化了菜谱图片设计，以满足用户的视觉需求。

### ▶ 个性化设计与情感识别

个性化设计与情感识别是当今数字化时代提升用户体验的关键方式之一。借助人工智能技术，我们能够深入了解用户的需求、喜好和情感状态，从而为他们提供更加个性化的设计和服务。

电商平台上的个性化设计体现为推荐系统。这些平台通过收集大量的用户数据，包括年龄、地域、浏览记录等信息，利用聚类分析等方法将用户细分为不同的偏好群体。这样，这些平台就可以根据用户的个性化偏好，向他们推荐特定的产品和服务。

以亚马逊（Amazon）为例。亚马逊的推荐系统可以根据用户的历史浏览和购买记录，自动为用户推荐个性化的书籍、电影和其他商品。这一举措不仅提高了购物体验的便利性，还增加了用户对平台的忠诚度。

此外，情感识别在视频和社交媒体应用商中也发挥着重要作用。借助人脸识别、语音分析等技术，部分应用甚至能够检测用户的微表情、语气和语调的变化，从而判断出他们当前的情绪状态和兴趣偏好。

这些应用可以根据用户的情感状态，为他们推送与其当前情感相关的个性化内容。这些应用会通过识别用户的表情反应，自动推送那些可能获得更多正面反馈的视频内容。这种情感识别驱动的个性化推荐，不仅提高了用户的参与度，还加强了用户与应用之间的情感连接，成为提升应用黏性的关键策略。

智能语音助手也在实现个性化设计和情感识别方面发挥着关键作用。当用户与这些助手进行交互时，它们可以根据不同的用户调整对话方式、语音风格和语言风格等，使交互更自然、亲切，并形成个性化的用户体验。例如，亚马逊的语音助手在识别不同用户的声音特征后，会使用与用户匹配的语音风格进行语音合成，并根据用户的兴趣话题展开个性化的聊天。这种个性化的语音互动能够让用户感觉更受尊重和重视，提升了用户体验的人性化程度。

综上所述，这种方式不仅能提高用户满意度，还增强了品牌的竞争力，且提高了用户忠诚度。

# 人工智能的基本原理：
# 机器如何学习

## 4.1 深度学习基础知识

人类对人工智能的畅想由来已久，但这种畅想大多是一种幻想。20 世纪 40 年代，基于抽象数学推理的可编程数字电脑的发明使一批科学家开始严肃地探讨构造一个电子大脑的可能性。

1956 年的达特茅斯会议被普遍视为人工智能成为一门学科的标志性事件，所以 1956 年被称为 AI 元年。后来，研究人员发现自己大大低估了这一工程的难度。计算机视觉是人工智能最为重要的研究领域之一，早期的相关研究也屡屡碰壁。比如，20 世纪 60 年代麻省理工学院人工智能实验室（MIT AI Lab）推出了一个名为积木世界的项目，希望通过编写一个程序实现对不同颜色积木的堆叠，例如，"找到一个黄色积木并将其放到红色积木上"。这个看似简单的规则却需要编写一个庞大而复杂的程序来实现。据说，自从编写该程序的学生特里·维诺格拉德（Terry Winograd）离开实验室后，这个程序便因无法正常运行而被废弃。

马文·明斯基在观察积木世界项目

这些例子在那个年代不胜枚举，看似很容易解决的问题，最终被证明是个"陷阱"，吞噬了整整一代计算机视觉研究人员的青春。尽管物体的位置、大小、方向和受到的光照不同，我们却很少在识别物体时感到吃力。计算机视觉研究中最早的想法之一就是将物体的模板与图像中的像素匹配，但是这种方法收效甚微，因为同一物体的不同角度由于透视和自遮挡的原因，其轮廓和局部像素会发生偏移。如图中的两只小狗，无论轮廓还是局部器官的像素都相差极大。

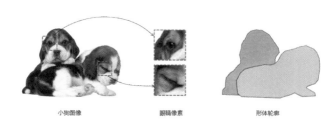

同样品种的小狗因姿态不同呈现出不同的图像效果，其眼部像素和形体轮廓也大相径庭

当时有一种带有误导性的直觉，认为编写计算机视觉程序很容易，这种直觉是基于我们认为很简单的行为，如看、听、四处走动，但这些行为是经过了几百万年的自然进化才实现的。让早期 AI 先驱十分懊恼的是，他们发现计算机视觉问题非常难以解决，相比之下，通过编写程序让计算机证明数学定理要容易得多——这个过程曾被认为需要高水平的智能，因为计算机处理逻辑问题的能

力比人类要强得多。

如果回归到人类自然视觉的处理流程中，我们会发现其中的特别之处——视觉是人类最敏锐，也是被研究最多的一种感官。前额叶下方的眼睛带给我们精准、敏锐的双眼深度知觉，而我们的大脑皮层中一半的结构都是负责视觉的。人类的视觉系统首先是利用视网膜上的视杆细胞和视锥细胞将自然环境物体发出的光信号转化为电信号，然后经由大脑皮层中的神经元做出分类识别。

在神经元做分类识别的过程中，关注的往往是物体的特征，而不是具体的光电信号的强弱。比如，我们看到一只猫，如果想要断定这只猫的品种，就要找到某种特征，这种特征最好是某个品种的猫独有的，如波斯猫身体较短，呈方形；短腿；头很圆；尾巴粗短；眼睛又大又圆，像铜币一样；耳朵很小，耳尖浑圆，位置较低；鼻子很短，朝天，鼻子和额头之间有明显的凹陷。这就是基于特征进行识别的方法。

总而言之，对于人类而言，识别物体的流程为：图像以光信号的方式通过视网膜转化为电信号，经由神经元提取特征进行分类识别。如果计算机想要达到人类级别的视觉识别性能，也需要具有特征提取能力。当然，对于人类而言，这种特征提取能力不仅适用于视觉任务上，人类几乎一切认知活动都伴随着特征提取，如阅读文章要把握其叙述意图，做数学题要知晓题意……计算机也应在各种任务上都具备这种提取特征的能力。

如果我们构建计算机特征提取流程，数据须经由特征提取器完成识别任务，这个任务中存在数据和特征提取器两个重要组成部分。

我们首先要关注的是输入数据的问题。人类眼睛接收的是光信号，耳朵接收的是空气振动，而计算机只能接收数字数据，比如，一个图像就是一系列像素点构造的二维矩阵，每个像素点的值在 0 到 255 之间，而声音信号是在时间轴上展开的频率值。我们该以怎样的角度来看待这种数据呢？另外，我们怎样才能构建出可以完成识别任务的特征提取器呢？这两个问题二位一体，让我们在接下来的章节中徐徐展开。

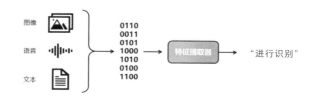

不同信息载体的特征提取和模式识别流程

### 4.1.1　怎样描述数据

19 世纪末，人们发现旧有的物理理论并没有办法解释微观系统，于是经过物理学家的努力，在 20 世纪初创立了量子力学，解释了这些现象。量子力学认为，宇宙是量子化的世界而非连续的。但是这种量子化的特征往往只存在于原子级的微观尺度上，人类感官感受到的世界还是连续的。客观世界存在着连续和离散的分别，我们接收的信息也存在着这种分别。我们把时间和幅值连续的信息称为模拟信号，把时间和幅值离散的信号称为数字信号。计算机世界基于其二进制的工作原理，只能处理数字信号，也就是说，计算机只能处理离散化的数据。比如，可以用一组离散的三维数据从色彩空间中抽取一个颜色，用一个二维数组表达一个图像。

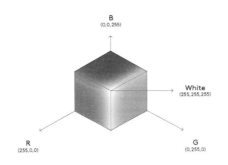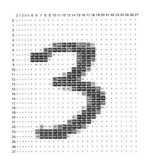

用离散化数据对色彩和图像进行编码

　　散列的多个数据描述的是同一个事物，单个数值不具备意义，多个数值的组合才能具有特征。让我们从一个更为简单的分类任务上认识一下离散数据的组合到底意味着什么。假如统计员对一个小学的学生进行身体检查，测量了学生的身高和体重，但是没有统计这些学生的性别，只给出了一个表格，那么如何把男生和女生的数据分开呢？

| 身体指标 | 学生姓名 | | | | | | | | |
|---|---|---|---|---|---|---|---|---|---|
| | 赵××  | 钱××  | 孙××  | 李××  | 周××  | 吴××  | 郑××  | 王××  | 朱××  |
| 身高（m） | 1.22 | 1.24 | 1.18 | 1.23 | 1.17 | 1.30 | 1.25 | 1.23 | 1.18 |
| 体重（kg） | 27 | 21 | 22 | 26 | 25 | 23 | 24 | 25 | 26 |

　　只看表格数据，我们看不出哪个学生是男生，哪个学生是女生。如身高数据，学生处在生长发育期，男女的身高并未产生明显分化，并且在个体数据上存在一定数量的女生比男生高的可能性；再比如体重数据，男女的身材都有胖有瘦。但如果我们构建一个二维坐标系，把身高和体重分别作为坐标系的两个正交轴呢？

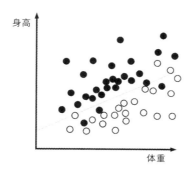

用二维坐标表示学生的统计信息

　　我们用一个二维坐标系（身高，体重）表达一个学生的身体指标。在生长发育阶段，男生身高未见明显超出女生，但是同等身高下，体重却比女生重。故而男生数据所在的位置比女生要靠上方一点儿，我们通过一条线即可把两者的数据分开。当然，在分割线附近还有些数据不能完全分开，因为我们只提供了（身高，体重）两个维度的数据，不能完全体现男生和女生的特征。

　　同样是这个统计人员，他又进一步统计了学生的头发长度，形成了如下表格。

| 身体指标 | 学生姓名 | | | | | | | | |
|---|---|---|---|---|---|---|---|---|---|
| | 赵××  | 钱××  | 孙××  | 李××  | 周××  | 吴××  | 郑××  | 王××  | 朱××  |
| 身高（m） | 1.22 | 1.24 | 1.18 | 1.23 | 1.17 | 1.30 | 1.25 | 1.23 | 1.18 |
| 体重（kg） | 27 | 21 | 22 | 26 | 25 | 23 | 24 | 25 | 26 |
| 发长（cm） | 1.2 | 17.1 | 12.8 | 15.2 | 1.6 | 33.5 | 17.8 | 45.3 | 33.6 |

然后，再次把这些数据放到坐标系中，这次因为有三个维度的数据，就需要构建一个三维坐标系。我们用一个三维坐标点（身高，体重，发长）表达一个学生的身体指标。

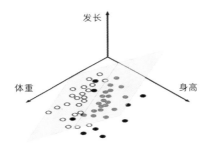

增加统计信息的项目就是增加信息在空间表达中的维度

这次能提取更多跟性别相关的特征了，男生与女生的数据区分更明显了。统计的项目（身高，体重，发长……）越多，男生与女生的数据分离也就越明显。前面我们已经把统计数据映射到三维空间了，再增加一个数据就可以把数据映射到四维空间，这对人类来说是难以想象和描述的，但我们能用数学的语言很好地描述多维空间，任何一个学生都可以用一个四维坐标点来表示。依此类推，无论统计的项目有多少，都可以把它们映射到一个 $N$ 维的坐标系中，并用一个 $N$ 维坐标点来表示。

对于任何具有特征的数据，如果只是散列的数值，无论人类还是计算机都是难以对其分类的，但如果把这些数据看作一个高维空间中的点，那么计算机依靠其强大的计算能力就有机会解决分类问题。深度学习就是通过这种方式来对数据进行分类的。早期神经网络对数字手写体图像的分类实践用的就是这种方式：我们需要把这些图像的每个像素值依次排开，形成一个 $N$ 维的坐标点，然后在 $N$ 维的空间中做分类。这里需要记住，对一张图片来说，它就是 $N$ 维空间中的一个点。任何数据（包括文字、声音、几何形体等）都可以转化为高维空间中的点。

数字手写体图像      $N$ 维向量      $N$ 维空间坐标系

数字手写体的图像信息是像素点，将其向量化就可以转化为 $N$ 维空间中的点

## 4.1.2  何为神经元

数据的问题解决了，但是在刚开始构建机器学习的流程中还有一个问题：提取特征的问题该怎么解决呢？早期研究人工智能的科

学家受到了人类神经元研究的启发。生物学领域对神经元的研究由来已久，1904 年生物学家就已经知晓了神经元的组成结构。

　　一个神经元通常有多个树突，主要用来接收传入信息，而轴突只有一条，轴突尾端有许多轴突末梢，可以给其他多个神经元传递信息。轴突末梢与其他神经元的树突产生连接，从而传递信号。这个连接的位置在生物学上叫"突触"。人脑中的神经元形状可以用下图做简单的说明。

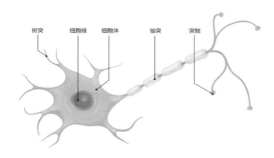

神经元的组成

　　受此启发，人工神经网络诞生了。对这方面的研究可追溯到沃尔特·皮茨（Walter Pitts）和沃伦·麦卡洛克（Warren McCulloch），两人在数学、逻辑和神经网络上有着共同的看法，并一起努力，于 1943 年合作完成了知名论文《神经活动中固有思想的逻辑演算》（"A Logical Calculus of Ideas Immanent in Nervous Activity"）。在这篇论文中，他们提出了抽象的 M-P 神经元（McCulloch–Pitts Neuron）模型，用二进制逻辑门来表示神经元，而且证明了此模型可以实现任何经典

（左）沃伦·麦卡洛克
（右）沃尔特·皮茨

逻辑，从而表明了神经网络的通用性，奠定了深度学习的基础，同时也建立了神经科学和计算机科学之间的交叉研究。

M-P 神经元模型是一个包含输入、输出与计算功能的模型。输入可以类比为神经元的树突，而输出可以类比为神经元的轴突，计算则可以类比为细胞核。下图是一个典型的神经元模型：包含 2 个输入、1 个输出，以及 1 个计算功能。注意中间的箭头线，这些线被称为"连接"，每个连接上有一个"权值"。

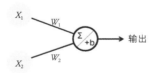

神经元模型

受 M-P 神经元模型启发发明的神经元实体

以上的类比可能会让人感到云里雾里，但不用担心，现在人们对神经网络的认知早已超越了这种跟生物神经元做类比的理解了，我们可以换一种方式来解读人工神经元。其实，上述神经元就是线性方程的组合。

$$f(X_1, X_2)=(X_1 \times w_1) + (X_2 \times w_2) + b$$

在高中课程中我们就学习过，含有 1 个自变量的一次方程在几何中代表直线，含有 2 个自变量的一次方程在几何中代表平面，含有 $n$ 个自变量的一次方程在几何中代表 $N$ 维超平面。若以前面"分男女"的例子看待这个一次方程，可以用两个输入 $X_1$ 和 $X_2$ 分别代表身高和体重。方程 $f(X_1, X_2)=(X_1 \times w_1) + (X_2 \times w_2) + b$ 相当于在三维空间中构造了一个二维平面，把男生数据和女生数据分开了，其中，男生数据坐标点在二维平面之下，女生数据坐标点在二维平面之上。

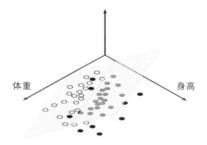

在三维空间中构造的二维平面将不同性别的数据点划分开

在前面讲述计算机怎么看待数据时，对于"分男女"的例子，如果只用身高、体重描述学生，可以把他们看作二维坐标系中的一个点，然后用一条直线把男女样本分开，为何到这里要把坐标系扩展为三维呢？这是因为虽然在二维坐标系中可以用一条直线分割两组数据点，并且我们视觉上能分清哪些点在分割线的上方，哪些点在分割线的下方，但是计算机要经过复杂的运算和判断才能确定。如果直接给这个坐标系加上一个维度，变成三维坐标系，然后用一个通过分割线的平面做分类就简单多了。我们把女生的数据代入这个平面方程，它的值是小于 0 的，而男生的数据是大于 0 的。只要有了这个平面方程，我们代入数据算出结果，通过其正负值就可以判断他们是男生还是女生了。

通过把数据映射到划分数据用的二维平面上得到不同大小的值，若值大于 0，则视这个数据为男生，反之则为女生

其实还可以更进一步。有一种函数叫激活函数，这个函数具有一定的复杂度，可以不用纠结具体的公式，它有一个功能就是把大于零的值，无论多大都变成 1；把小于零的值，无论多小都变成 0。所以，在用了激活函数以后，再代入女生和男生的数据，输出结果是 0 就是女生，输出结果是 1 就是男生。

如果把这个计算过程展开，就是神经元了。还以 $f(X_1, X_2)=(X_1 \times w_1)$ + $(X_2 \times w_2)$ + $b$ 为例，加上激活函数后，$f(X_1, X_2) = \sigma[(X_1 \times w_1) + (X_2 \times w_2) + b]$，其神经元如下图所示。

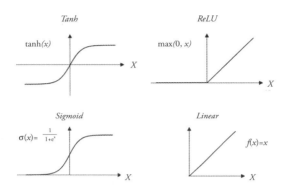

各种激活函数示意

如果把这个计算过程展开，就是神经元了。还以 $f(X_1, X_2) = (X_1 \times w_1)$ + $(X_2 \times w_2)$ + $b$ 为例，加上激活函数后，$f(X_1, X_2) = \sigma[(X_1 \times w_1) + (X_2 \times w_2) + b]$，其神经元如下图所示。

左图详细表达了计算过程，一般可将其简化成右图的样式

我们把二维输入的神经元扩充到 $N$ 维输入的神经元，其图示如下。

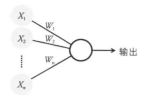

N 维输入的神经元

　　前面提到，要把男生女生的数据分开，神经元加上激活函数后只能输出 0 和 1，因此只能区分两个类别。如果统计的是 3 个类别的数据呢？比如，分别统计了 3 个职业人群——农民、飞行员和老师的信息（身高，体重）。把这些数据放在坐标系中会形成 3 组点，扩充维度后无法用一个平面把它们分开，因为一个平面只能划分两个区域（对应神经元加上激活函数后只能输出 0 和 1）。神经元的解决方式是构造 3 个输出，也就是形成 3 个二维平面，每个平面负责一个样本人群的身体指标特征。如果把农民的数据输入进去，3 个神经元产生的数据就是（1，0，0）；如果把飞行员的数据输入进去，3 个神经元产生的数据就是（0，1，0）；如果把老师的数据输入进去，3 个神经元产生的数据就是（0，0，1）。其空间上的几何意义在于，输出 1 前面的神经元在三维坐标系内构造的二维平面只允许农民数据向量点在其之下，其他两个样本的向量点都在其之上，其他两个输出也是同样的原理。

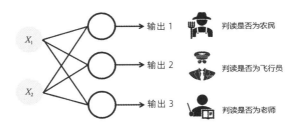

在多分类问题上，每个神经元只判断一种特征

### 4.1.3　网络为什么要那么"深"

以上每一个神经元负责一个分类的方式看似完美地解决了多分类的问题，但是在 20 世纪 60 年代末遭遇了一个很大的危机，这个危机就是异或（XOR）问题。

多分类神经元构造的神经网络只能做简单的线性分类任务，但是当时人们的热情太过高涨，并没有人清醒地认识到这一点。于是，当人工智能领域的巨擘马文·明斯基指出这一点时，事态就发生了变化。

明斯基在 1969 年出版了一本叫《感知器》（ *Perceptrons* ）的书，里面用详细的数学推理证明了神经网络的弱点，尤其是感知器对异或这样的简单分类任务都无法解决。

《感知器》封面和明斯基

什么是异或问题呢？下图中的两组数据，我们无法用一条直线把它们分开，即使增加一个 $z$ 轴方向的维度也无法用一个二维平面把它们直接分开。

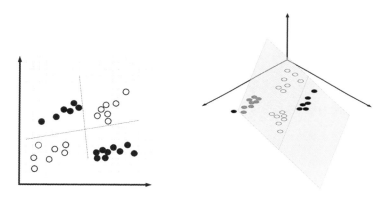

分别在二维空间和三维空间展示异或问题

其实早在 1958 年，计算科学家弗兰克·罗森布拉特（Frank Rosenblatt）就提出了由两层神经元组成的神经网络，并给它起了一个名字——"感知器"。感知器是首个可以学习的人工神经网络。罗森布拉特现场演示了其学习识别简单图像的过程，在当时的社会引起了轰动。

两层神经网络除了包含一个输入层、一个输出层以外，还增加了一个中间层。此时，中间层和输出层都是计算

罗森布拉特和他的感知器，这个感知器通过物理导线进行连接

层，这种含有两个计算层的神经网络被称为二层神经网络。输入层的数据是已知的，经过神经网络的计算，输出层的结果我们也能看到，而中间层的计算结果我们一般不会去查看，故而中间层被称为隐藏层。

我们扩展上节的单层神经网络，在右边新加一个层次，便形成了二层神经网络。与单层神经网络不同，二层神经网络可以无限逼近任意连续函数。这是什么意思呢？同样是投射到三维坐标系中，上节提到的单层神经网络相当于构造了二维线性平面，而二层神经网络相当于构造了非线性的曲面，那么线性不可分的数据就可以用非线性的方式分开了。

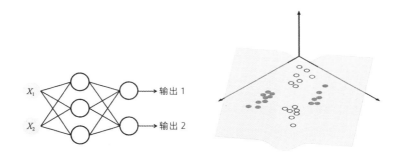

二层神经网络相当于构造了一个非线性的曲面，能很好地解决异或问题

多层神经网络为何能获得这种非线性能力呢？我们可以逐层分析一下隐藏层在其中起到的作用。在前文中提到的异或问题的数据，可以先用两个神经元分别对其进行划分。神经元 1 构造的平面将四组点分为两部分，输出 0 和 1 两组值，同样，神经元 2 也将四组点

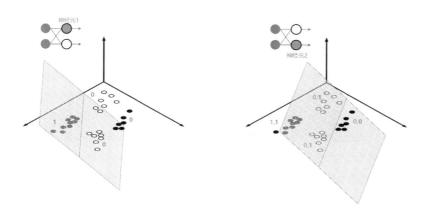

隐藏层的两个神经元构造了两个二维线性平面，得到不同的值

分成两部分，输出 0 和 1 两组值。

　　将神经元 1 和神经元 2 输出的值组合在一起，得到白色点的输出值为（0，1），黑色点的输出值为（0，0）和（1，1）。把这组数据投射到坐标系中，从下图可以看出，这时黑白点的数据就是线性可分的了，跳出了异或问题的束缚，然后再构造一个神经元就可以解决这个问题了。

　　面对复杂的非线性分类任务，二层（带一个隐藏层）神经网络可以做得很好。我们还可以换个视角看待感知器的非线性划分，以下页图为例，红色区域和蓝色区域代表由神经网络划

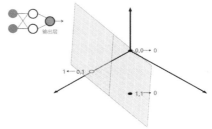

将隐藏层神经元得到的值输入输出层中得到最终输出值

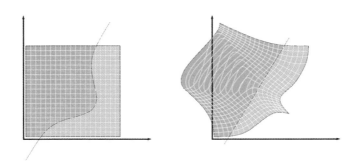

原始红蓝分界的曲线通过神经网络转化为直线分界，这样就可以用神经元进行线性划分了

开的区域，两者的分界线就是决策分界。

可以看到，输出层的决策分界仍然是直线。其关键就是，从输入层到隐藏层时，数据发生了空间变换。在二层神经网络中，隐藏层对原始的数据进行了空间变换，使其可以被线性分类，而输出层的决策分界划出了一个线性分类分界线，对其进行分类。因此，隐藏层的作用就是使得数据的原始坐标空间从线性不可分转换成了线性可分。

对于每个神经元来说，除却激活函数就只有 $wX+b$ 这样简单的运算了。通过这种简单的运算构造出复杂的非线性空间，这跟傅里叶变换之间有着微妙的联系。如同通过化学分析确定一个化合物的元素成分，一个函数也可通过分析来确定组成它的基本（正弦函数）成分。在数学领域里，复杂函数往往可以通过傅里叶变换将函数分解为不同特征的正弦函数的和。反过来说，简单的元素也可以构造复杂的事物。

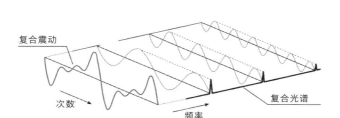

最左侧的函数图形可以由其右侧三个不同频率的正弦函数组合而成

二层神经网络通过两层的线性模型模拟了数据内真实的非线性函数，因此，多层的神经网络的本质就是复杂函数拟合。人们认为已经发现了智能的奥秘，许多学者和科研机构纷纷投入神经网络的研究中。

明斯基说过，二层神经网络不仅可以解决异或问题，而且具有非常好的非线性分类效果。不过如果将计算层增加到两层，计算量则过大，而且没有有效的学习算法。所以，他认为

罗森布拉特《智能自动机的设计》的第一页，发表于康奈尔航空实验室出版物《研究趋势》

研究更深层的网络是没有价值的。明斯基的巨大影响力以及书中呈现的悲观态度，让很多学者和实验室纷纷放弃了神经网络的研究，神经网络的研究由此陷入了寒冬期，这个时期又被称为"AI 冬季"。

在此有必要对激活函数的作用进行扩展说明。激活函数只能输出 0 和 1，我们之前提到可以把它用到输出层做分类用，其实多层

神经网络的输出层并不会用到激活函数，一般激活函数只会用于多层神经网络的隐藏层。上一节提到的进行多分类的"农民、飞行员、老师"，需要用到 3 个神经元判断，我们可以把这 3 个神经元分别视为"农民、飞行员、老师"判断器。这个特征判断器带有激活函数神经元的作用，而不应被视为分类器。怎样理解这句话呢？这个案例中的数据比较简单，特征比较好提取，如果我们做一个"猫、狗、兔"图片的分类呢？图像数据往往比较复杂，难以直接识别高级特征，我们可以利用带激活函数的神经元判断图片上比较低级的特征，如耳朵、胡须、鼻子、毛色……每个神经元判断一个特征，具有这个特征输出 1，不具有则输出 0，多个特征输出组合在一起就形成了一个向量序列，如 0，0，1，0，…然后再把这个向量序列输入给下一层，再次进行组合判断其是否具有更高级的特征，如头、身体、四肢……经过多层神经元的判断最终来到输出层做分类，而输出层输出的是某个分类的概率值，而不是 0 或 1 这种粗暴的判断。

### 4.1.4 怎样让网络自己学习

于 1943 年发布的 M-P 神经元模型虽然简单，但已经建立了神经网络大厦的地基。但是，M-P 神经元模型中权重的值都是预先设置的，因此不能学习。1949 年，心理学家唐纳德·奥尔丁·赫布（Donald Olding Hebb）提出了赫布学习率，认为人脑神经细胞的突触（也就是连接）上的强度是可以变化的，于是计算科学家开始考虑用调整权值的方法来让机器学习，这为后面的学习算法奠定了基础。但是受限于算法和硬件的运算能力，带有隐藏层的神经网络的发展受限。神经网络的研究进入了寒冬期，直到 1986 年才发生转折。大卫·鲁姆哈特（David

大卫·鲁姆哈特和杰弗里·辛肯

Rumelhart）和杰弗里·辛肯（Geoffrey Hinton）等人提出了反向传播（Backpropagation，BP）算法，解决了二层神经网络所需要的复杂计算量问题，从而带动了业界使用带有隐藏层神经网络研究的热潮。

在罗森布拉特提出的感知器模型中，参数可以被训练，但是使用的方法较为简单，并没有使用目前机器学习中通用的方法，这导致其扩展性与适用性非常有限。从二层神经网络开始，神经网络的研究人员开始使用机器学习相关的技术进行神经网络的训练，如用大量的数据（1 000 ~ 10 000 个），使用算法进行优化等，从而使得模型训练可以获得性能与数据利用上的双重优势。

机器学习模型训练的目的，就是使参数尽可能地与真实的模型逼近。我们还是以"分男女"的例子来说明这个问题。我们构造另一个单层单输出的神经网络，希望能在三维空间中映射如下页图右侧所示的二维平面，做一个区分男女的分界面。但是在模型未经调整训练前，神经网络的参数是随机的，也就是说对应方程 $f(X_1,$

$X_2$) = σ [($X_1 \times w_1$) + ($X_2 \times w_2$) + $b$] 中 $w_1$、$w_2$ 是随机的。我们期望通过调整 $w_1$、$w_2$ 找到合适的 $f(X_1, X_2)$。

在调整参数的过程中，怎么判定这个 $f(X_1, X_2)$ 是否合适呢？

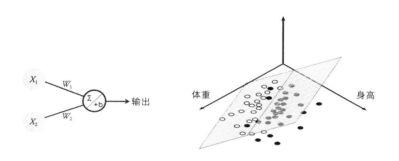

通过调整神经元的参数（$w_1$, $w_2$）得到合适的二维平面对男女数据进行划分

我们在前文中讲到，如果（$X_1$，$X_2$）是男生，那么 $f(X_1, X_2)$ 的输出应该为 1，反之"如果是女生" $f(X_1, X_2)$ 的输出应该为 0。这里面 1 和 0 就是样本（$X_1$，$X_2$）的标签。我们首先应该准备带有标签的数据集，通过在这个数据集上训练获得具有泛化能力的神经网络。

如果（$X_1$，$X_2$）是男生，那么 $f(X_1, X_2)$ 的输出应该为 1，但是在随机参数下，$f(X_1, X_2)$ 的输出可能为任何数值，训练过程中对于男生的样本，通过计算 $f(X_1, X_2)$ 和其标签 1 的差值来表示 $f(X_1, X_2)$ 的预测的准确度。我们一般用 $y$ 来表示标签，$y=0$ 表示女生，$y=1$ 表示男生。计算 $f(X_1, X_2)$ 与 $y$ 的差值就是损失函数：loss = $[f(X_1, X_2) - y]^2$。这里之所以计算二者相减的平方是为了消除负数。这个值称为损失（loss），我们的目标就是使所有训练数据

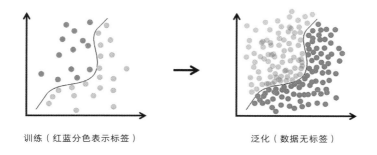

训练（红蓝分色表示标签）　　　　　泛化（数据无标签）

通过有限数据上的训练让神经网络获取泛化能力

的损失尽可能小。下面的问题就是如何优化参数 $w$（包含 $w_1$，$w_2$），能够让损失函数的值最小。

此时的问题就被转化为一个优化问题，如果学过微积分就会明白，求得一个函数的极值（包括极大值和极小值）最好的方法就是求得此函数导数为 0 处的自变量。但是由于参数 $w$ 不止一个，求导后计算导数等于 0 的运算量很大，所以一般来说，解决这个优化问题使用的是梯度下降算法。梯度下降算法是每次计算参数 $w$ 当前的梯度（导数增加的方向），然后让参数向着梯度的反方向前进一段距离，不断重复，直到梯度接近 0 时截止。一般这个时候，所有的参数 $w$ 恰好达到使损失函数处于最低值的状态。

在神经网络模型中，由于结构复杂，每次计算梯度的代价很大，因此还需要使用反向传播算法。反向传播算法是利用神经网络的结构进行的计算，不是一次计算所有参数的梯度，而是从后往前逐步计算。首先，计算输出层的梯度，其次是第二个参数矩阵的梯度，

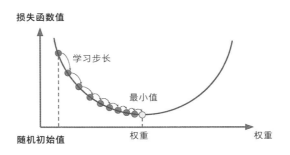

根据损失函数对网络参数逐步优化，让其接近最佳参数

然后是中间层的梯度，接着是第一个参数矩阵的梯度，最后是输入层的梯度。计算结束以后，所要参数矩阵的梯度就都有了。

反向传播算法的启示是数学中的链式法则。在此需要说明的是，尽管早期神经网络的研究人员努力从生物学中得到启发，但从 B-P 算法开始，研究者们更多是从数学上寻求问题的最优解。不再盲目模拟人脑网络是神经网络研究走向成熟的标志，正如科学家们可以从鸟类的飞行中得到启发，但没有必要完全模拟鸟类的飞行方式，来制造飞机。

优化问题只是训练中的一个部分。机器学习问题之所以被称为学习问题，而不是优化问题，是因为它不仅要求数据在训练集上求得一个较小的误差，在测试集上也要表现好。因为模型最终要部署到没有见过训练数据的真实场景。提升模型在测试集上的预测效果的主题叫泛化（generalization），相关方法被称作正则化（regularization）。神经网络中常用的泛化技术有权重衰减等。

## 4.2　计算机视觉和自然语言处理

　　计算机视觉（Computer Vision，CV）和自然语言处理（Natural Language Processing，NLP）是人工智能领域的两个重要的分支，它们分别涉及计算机对视觉信息和语言信息的理解和处理。计算机视觉是指计算机系统能够理解和解释视觉信息的领域，包括从图像或视频中提取信息、识别模式，以及进行物体识别和场景理解等任务。计算机视觉在许多领域都有广泛应用，包括图像识别、人脸识别、目标检测、图像分割、三维重建等。它在自动驾驶、医学图像分析、安防监控等方面具有重要的作用。而自然语言处理是一门研究计算机与人类自然语言之间交互的学科，其目标是使计算机理解、解释、生成人类语言。自然语言处理在机器翻译、情感分析、文本摘要、问答系统、语音识别等方面有广泛的应用。虚拟助手如Siri、语音搜索、智能客服系统等都是其应用。

　　人工智能，特别是深度学习将研究重心放在计算机视觉和自然语言处理两个领域主要基于以下两个原因：一是人类与外部世界进行信息交互主要依赖的是视觉信息和语言文字信息，眼睛和耳朵是人类收集自然世界信息最为重要的器官，语言和文字则是传播信息最为重要的手段；二是电子计算机发明以后，特别是互联网普及以后产生最多的数据就是电子图像和语音文字，这为深度学习提供了丰富的大规模数据集，而深度学习基于其强大的表征学习能力，通过大规模数据的学习，能够更好地泛化到新的数据，提高模型的性能。

### 4.2.1 计算机视觉

计算机视觉领域的基石是卷积神经网络。前文中主要介绍的网络是全连接网络，全连接网络必须把输入数据进行单维度向量化，而图像数据的原始格式是二维矩阵。图像中的信息通常是局部相关的，即相邻的像素之间存在关联，如果把表示图像的二维矩阵向量化，则会丢失这种相邻像素之间的局部相关。

受哺乳动物视觉过程的启发，卷积神经网络创建了架构上更接近生物学意义上的神经网络，以适配处理二维的图像数据，成为推动深度学习迅速发展最主要的动力之一。我们可以将卷积神经网络看成多层感知器（Multilayer Perceptron，MLP）的变形，使用局部连接替代多层感知器的全连接。

日本学者福岛邦彦（Kunihiko Fukushima）可谓是卷积神经网络的奠基人，他于 1979 年提出了视觉识别模式多层架构新认知机（Neocognitron）的概念，引入了感知野（Receptive Field）的概念，随后，在 1998 年，杨立昆（Yann LeCun）和约书亚·本吉奥（Yoshua Bengio）等学者在前人的基础上进行改进，推出了著名的神经网络 LeNet-5。该网络成功地识别出手写数字，并在商业上应用于手写支票的识别。

卷积神经网络区别于全连接神经网络，有两个重要特征：一个是用卷积核来提取特征；另一个是通过池化（Pooling）操作来压缩数据。

卷积神经网络通过卷积操作对输入数据进行特征提取。卷积核是一个小的可学习的滤波器，它在输入数据上进行滑动，并通过计算局部区域的内积来生成特征映射。所谓计算内积就是指将卷积核上的数据与原始图像上的数据相乘，然后把结果相加得到一个数值；滑动则是移动卷积核对应到该图像的下一个像素区域，一般我们把每次移动相隔的像素数量称为步长（Stride）。卷积核在输入数据上执行卷积操作，相当于在输入数据中滑动，寻找某种特定的特征，如边缘、纹理或颜色变化。通过不同的卷积核，网络可以学到不同的特征。

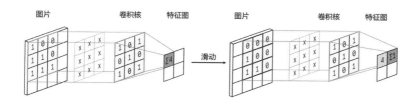

通过卷积核的滑动提取图像上的信息

下页图中通过不同的卷积核在相同图像上滑动，与原始图像像素值计算内积得到了不同的特征图，最上面一组图是获取图像的边缘信息，中间一组图通过模糊细节处理获取图像的图形区域，最下面一组图则是进行锐化处理，获取图像的细节纹理。

池化是卷积神经网络中的一种操作，用于降低特征图的空间维度，减少计算量和参数数量，同时保留主要的特征信息。池化操作通常应用于卷积神经网络的卷积层之后。池化一般将一个大尺寸的图像均分成若干区域，然后计算每个区域的像素平均值或最大值，之后将求得的值再次组成一个新的图像，通过这种方式可以把一个大尺寸图像转化为新的小尺寸图像。

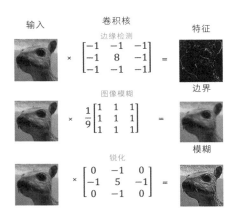

不同的卷积核可以提取图像上的不同信息

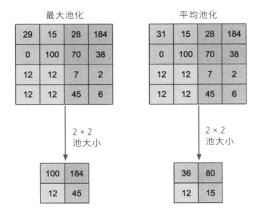

对图像进行最大池化和平均池化会获得不同的结果

下图是对油画《蒙娜丽莎》进行的池化操作，池化后图像尺寸大为缩小，但是人物的轮廓信息以及基础的颜色信息并未丢失。

《蒙娜丽莎》油画经过池化处理依旧能识别其轮廓形态

其实，在有些情况下，图片经过卷积和池化处理变成模糊的图像，反而更容易识别。比如，在字母 E 方阵中随机插入字母 F，因为两者字形相似，人眼难以在短时间内识别到字母 F 的位置。如果将其模糊处理，字母 F 右下角位置会留下一处白色空隙，反而能轻松识别。

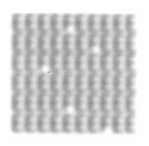

池化后的低像素形态在图像形态识别方面往往比高像素状态更具优势

卷积神经网络一经推出就展现了强大的威力。然而，由于当时的数据和计算资源等多方面限制，LeNet-5 在处理更为复杂的问题时面临一些困难，因此未能广泛普及。随着时间的推移，美国国家标准与技术研究院改进数据库（Modified National Institute of Standards and Technology, MNIST）被建立起来，其中的图像数量被不断扩充，计算机的性能也在不断提升，特别是显卡性能的完善为卷积神经网络的运用提供了运算支撑。2012 年，杰弗里·辛顿（Geoffrey Hinton）教授与其学生亚历克斯·克里泽夫斯基（Alex Krizhevsky）等人使用名为 AlexNet 的卷积神经网络架构在 ImageNet 的竞赛中获得冠军，错误率仅为 16.4%，大幅领先于第二名的 26.2%，随后，谷歌斥巨资收购了他们创立仅数月的深度学习公司 DNNresearch。由此，卷积神经网络引爆了机器学习领域，引起了工业界和学术界的重视，大量基于卷积神经网络的商业化应用与创新涌现出来，直接推动了 AI 的第三次繁荣。

下页图是 AlexNet 的架构流程图。最左侧代表输入的图像，其尺寸为 227×227×3 像素，拥有 R、G、B 三个通道。一个卷积核对图像进行一次卷积操作就会产生一张特征图，如果运用多个卷积核就会产生多个特征图。前五步中，立方体的厚度不一，这是因为每一步都用了不同数量的卷积核，产生了数量不同的特征图，特征图的数量被称为维度。同时，立方体的尺寸在每一步中也大小不一，有些是因为运用了池化操作，降低了特征图的大小。

AlexNet 模型是一个 8 层卷积神经网络。牛津大学视觉几何小组（VGG）于 2014 年开发的神经网络通过堆叠 3×3 的卷积层达到了

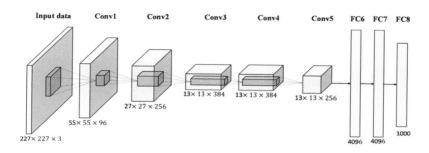

AlexNet 的网络架构

19 层的深度。但堆叠更多层会导致训练精度快速下降,这被称为"退化"问题。2015 年, 何恺明等人提出了一种深度神经网络结构——残差网络（ResNet）。残差网络的主要贡献在于引入了残差学习的概念, 解决了在训练非常深层神经网络时遇到的梯度消失和梯度爆炸问题。残差网络的核心思想是通过添加跨层的快捷连接（shortcut connection）或称为残差连接, 使得网络能够学习残差函数。如下图所示, 输入数据 $x$ 经过数次卷积操作后的结果 $F(x)$ 再与输入数据 $x$ 相加得到最终结果, 最终结果 $x$ 的存在, 保证了网络不会退化。

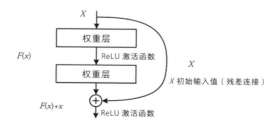

ResNet 中的残差模块

以上网络框架主要运用于图像分类领域，卷积神经网络还有一个比较大的使用场景，就是图像分割。图像分割的目标是将一张图像划分为若干个具有特定语义的区域，使得同一区域内的像素具有相似的特征。进而还有语义分割、实例分割和全景分割，它们都是卷积神经网络的应用场景。其中也产生了多个比较知名的网络构架，如 YOLO、Mask R-CNN、U-Net 等。

(a) 图像　　　　　　　　　　(b) 语义分割

(c) 实例分割　　　　　　　　(d) 全景分割

图像经过语义分割、实例分割和全景分割处理的结果

### 4.2.2　自然语言处理

在深度学习的另一大研究领域——自然语言处理方面，目前也有了令人惊叹的成果。20 世纪 80 年代之前，学术界认为要让机器完成自然语言的翻译和语音识别任务需要让计算机理解自然语言的语法规则，让计算机像人类一样理解语言。当时，为了让计算机理

解语言规则，很多大型研究机构人工编写了大量的文法规则。但是这种做法总是遇到重重困难，因为自然语言充斥着非规范化的例外情况，比如，中国北方方言中"吃了吗你嘞"这种主语倒置的表达方式。而类似的情况在自然语言中发生得特别频繁，这宣告了利用编写语言文法规则指导计算机进行自然语言处理方法的失败。20世纪80年代以后，特别是进入新千年以后，业界将研究中心转向统计语言模型。统计语言模型是利用语言数据库根据不同的上文，统计下文出现什么词的概率最高，进行下一个词语的生成。当然，受限于计算机的性能，上文不能太长，我们把依据 $N$ 个上文词语预测下文词语的模型称为"$N$ 元模型"。对于一元模型，如上文是"我"，那么下文出现"是"或者其他动词的概率比较大，出现名词如"苹果"的概率比较小。当然，一元模型所依据的上文太少，效果不会很好。谷歌的罗塞塔（ Rosetta ）翻译系统和语音搜索系统使用的是四元模型，该模型存储在 500 台以上的谷歌服务器中。

统计语言模型早期应用广泛，但是它自身有着天然的缺陷。在自然语言中，上下文之间的相关性可能跨度非常大，甚至可以从一个段落跨到另一个段落，而 $N$ 元模型的大小是随着 $N$ 的增长呈指数级增加的，这就限制了上文的长度。

随着深度学习的兴起，研究人员尝试利用神经网络完成自然语言的预测任务。首先被提出的是 RNN，这是一类用于处理序列数据的神经网络。与传统的神经网络不同，RNN 具有记忆能力，能够利用先前的信息影响后续的输出。这种记忆能力使得 RNN 在处理时间序列数据、自然语言等任务时非常有效。

RNN 的主要特点是具有循环结构，允许信息在网络内部循环传递。在标准的前馈神经网络中，信息只能沿一个方向传递，而 RNN 允许信息通过循环连接在网络内传递。这种设计使得 RNN 能够捕捉序列中的长期依赖关系，而非仅仅依赖于当前时刻的输入。

RNN 的一个基本单元是"循环单元"（Recurrent Unit），它包含一个输入、一个输出和一个用于维持内部状态的循环连接。在训练过程中，网络通过学习调整连接权重，以适应特定任务。

下图演示了 RNN 的工作流程，x 为一段句子的最后一个词语，把它输入网络后会产生两个输出，一个是预测的下一个词语 o，还有一个是上文的隐藏表示（下文的输出要依据上文的语义）v，在训练时随着句子中词语序列中的 x 依次输入模型，让模型也记住了上文的隐藏信息。

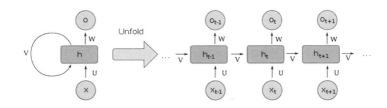

RNN 的网络架构

尽管 RNN 在处理序列数据方面取得了一些成功，但也存在一些问题，如难以捕捉长期依赖关系和梯度消失问题。为了解决这些问题，一些改进型的 RNN 模型被提出，如长短时记忆网络（Long

Short-Term Memory，LSTM）和门控循环单元（Gated Recurrent Unit，GRU）等。但是以上网络框架对距离较远的上文的关注度远小于对距离较近的上文的关注度，也就是说，上文对输出词语的影响随着上下文距离的增加而减弱。在自然语言中，上下文的关联可能会在很远的距离上起作用，即使在近距离的上下文中，各个词的相互关系也跟距离没有正比关系，比如，"西瓜作为一种廉价水果，是我在夏天最爱吃的"这句话中，"西瓜"和"吃"距离较远，但是其语言关系密切，"西瓜"和"廉价"距离较近，但其语言关系就没那么密切了，这是网络不能解决的问题。另外，这些网络在训练阶段需要将词语按顺序一个一个地输入，无法利用 GPU（图形处理器）并行化的计算能力，增加了训练的时间成本。

在这些网络框架提出之后，自然语言处理领域的发展相对于计算机视觉来说较为缓慢，一直没有创新性的新型框架提出，直到注意力机制出现，这一情况才得以扭转。2014 年，约书亚·本吉奥在一篇名为《结合学习对齐和翻译的神经机器翻译》（"Neural Machine Translation by Jointly Learning to Align and Translate"）的论文中首次提出了注意力机制，这是自然语言处理的里程碑级论文。从那之后，许多人都投身于对注意力机制的研究，但直到与 Transformer 架构相关的论文出现大家才明白，相对于别的因素而言，只有注意力机制本身才是重要的。

2017 年 6 月 12 日，一篇名为《注意力是你所需要的一切》（"Attention is All You Need"）的论文被提交到预印论文平台 arXiv 上，这是由八名谷歌成员完成的论文。在深度学习领域具有独特的论文命名风格，"Attention is All You Need" 据说是由里昂·琼斯（Llion Jones）提出的，是对披头士乐队歌曲 *All You Need Is Love*（《你需要的只是爱》）的致敬。在写这篇论文之前，八位作者并不在一个项目部门工作，但得益于谷歌宽松的工作环境，他们在园区走廊聊天时发现每个人都对自然语言处理抱有巨大的兴趣，并且都分享了自己的想法。这次偶然的谈话促成了八人团队为期数月的合作。他们研究了一种处理语言的架构，也就是 Transformer 架构。

在讲解 Transformer 架构之前，我们先介绍一下在计算机中怎样表达词语。循环神经网络中采用 one-hot 向量的方式表达词语，one-hot 向量对词语的编码是基于一个长度为 n 的词典，就是说这个词典包含 n 个词语。如果一个词的索引是 i，就创建一个长度为 n 的全 0 向量，并将向量中第 i 个元素设为 1。比如，一个词典包含 6 个词语（我，你，他，人，家，国），第 3 个词（索引从 0 开始计算）是"人"，那么"人"的 one-hot 编码就是（0，0，0，1，0，0）。虽然 one-hot 向量构造起来容易，但通常不是一个好的选择，一个主要原因是 one-hot 向量无法准确表达不同词语之间的相似度，另一个原因是随着词典中收录词语数量的增加，one-hot 向量的长度会变得特别冗长。

我们希望在有限长度的向量中表达词语，同时又能让这个向量展示与其他词语之间的关系，如"男人"和"女人"的向量关系应该距离较近，"公鸡"和"母鸡"的向量关系也应较近，同时，"男人"和"公鸡"同属阳性，"女人"和"母鸡"同属阴性，它们之间的距离应该是相等的，即"男人"—"公鸡"="女人"—"母鸡"。

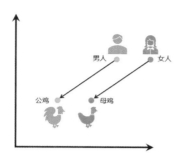

把词语映射到多维空间（此处用二维空间简化表示）中成为点与点之间的距离表示词语的语义关系

我们无法用人力来编写这种词向量，但是神经网络可以。Transformer 架构中的注意力机制就是基于这种词向量表达来寻求一段文字中各个词语之间的关联密切度。下面是注意力机制的数学计算公式：

$$\text{Softmax}\left(\frac{K^T Q}{\sqrt{D_K}}\right)V$$

我们不需要纠结这个公式的具体数学意义，只要记住一点：通过这个公式的计算能得出句子中每个词语与其他词语之间的关联度大小。如右图表达了"夏天"一词与"每年夏天我们都会去游泳，因为天气很热"这句话中各个词语之间的关联。

Transformer 架构虽然基于注意力机制，但是也引入了全连接层和残差连接用来优

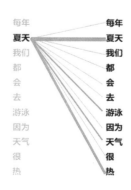

词语关联度

115

化性能，通过把各个计算模块堆叠组合形成了编码器（Encoder）和解码器（Decoder）两个部分。

在深度学习中引入这种注意力机制，有两个明显的优点。一方面，并行计算得以实现，基于 Transformer 架构的模型可以更好地利用 GPU 进行加速，由此，Transformer 架构为预训练模型的兴起奠定了基础，随着模型的规模越来越大，神经网络开始出现所谓的"智能涌现"，这正是人们

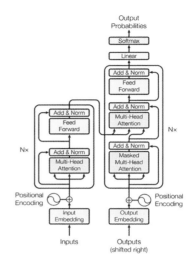

Transformer 架构图左侧是编码器，右侧是解码器

认为像 GPT 这样的大模型打开了 AGI（人工通用智能）大门的原因。另一方面，尽管最开始 Transformer 架构的提出是用来解决自然语言的，更准确地说，是机器翻译问题，但很快人们就发现，这种注意力机制可以推广到更多领域，如语音识别和计算机视觉。基于 Transformer 架构的深度学习方法实际上适用于任何序列——无论语言还是图像，在机器眼中，它们都不过是一个个有规律的向量。在这两种优点的共同作用下，人工智能领域迎来了前所未有的爆发。

## 4.3 生成式网络

生成式网络（Generative Networks）是指一类机器学习模型，其主要目标是从训练数据中学习并生成新的数据样本，使得生成的样本与训练数据相似。这种模型通常被用于生成类似于训练数据的新样本，如图像、文本或音频等。

### 4.3.1 GAN

生成式网络的一个重要子类是 GAN。GAN 的发明过程充满了传奇色彩，其发明人古德费罗有段时间在研究生成模型，但是一直没有取得进展。有一天他跟朋友在酒吧喝酒时忽然产生了灵感，于是跟朋友谈论了他的想法，朋友们都觉得他喝醉了，这些想法都是他酒后的胡言乱语。然后，古德费罗跟朋友们打了个赌，说自己的想法一定会产生良好的生成效果，朋友们不信，于是他直接从酒吧回去开始做实验，一晚上就写出了有关 GAN 的论文。

有玩笑称，这篇论文标题的缩写名就是为了对应中文"干"的读音，"干"正好对应生成对抗网络中的"对抗"一词。结果就如古德费罗所料，GAN 直接引燃了图像生成领域的导火线，产生了广泛的影响。卷积神经网络的发明人杨立昆称赞"GAN 是过去 20 年深度学习领域中最酷的想法"。此外，马丁·贾尔斯（Martin Giles）也评价道："当未来的技术历史学家回顾过去时，他们可能会认为 GAN 是朝着创造具有人类意识的机器迈出的一大步。"

GAN 联合训练了两个网络，一个是生成器，一个是判别器，通过两个网络的"零和博弈"产生以假乱真的生成效果，通过循环交替训练生成器与鉴别器的能力，直到生成器的作品不能再被鉴别器识别为止。

在 GAN 提出之前，已经有很多人提出了类似的想法。如1991年，于尔根·施密德胡伯（Juergen Schmidhuber）发表了生成式和对抗性神经网络，它们以零和博弈的形式相互竞争，其中一个网络的收益就是另一个网络的损失。奥利·涅米塔洛（Olli Niemitalo）在 2010 年的博客中发表了一个涉及对抗性网络的想法，但这个想法从未被实现，并且不涉及生成器中的随机性，因此不是生成模型。2013 年，三位学者使用类似于生成对抗网络的想法来模拟动物行为，但他们都没能如古德费罗一样，将想法付诸实践并取得良好的效果。

GAN 的整体构架如下页图所示：把一个噪声图像 z 输入生成器 G，以获取一个假的图像 G（z），另外还有一张真实的图像 x，然后分别把 G（z）和 x 输入鉴别器 D，让它判断这两种图像的真假。也就是说要同时训练生成器 G 和判别器 D 两个网络。在训练生成器 G 时，我们通过鉴别器 D 的输出结果是真（true），以优化生成器 G 的性能。在训练鉴别器 D 时，我们希望其输入 G（z）时，D 的输出结果为假（false），输入 x 时，D 的输出结果为真（true），以此优化鉴别器 D 的性能。

可以看出，GAN 架构虽然简单，但是训练较为复杂。对于同样的生成结果 G（z），训练生成器和鉴别器时，我们希望得到的是真和假两种不同的结果，这就需要生成器 G 和鉴别器 D 要达到纳什均

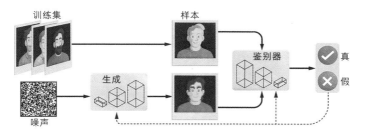

GAN 的网络架构

衡（Nash Equilibrium）的状态，这种状态是最终要达到的效果，在训练过程中鉴别器 D 的性能也要和生成器 G 同步进化。鉴别器 D 在训练过程中不能太强或者太弱，如果一开始鉴别器 D 就拥有了良好的判别效果，那么生成器 G 就无法进行优化。这就相当于一名小学生能从考试做错的题目中知道自己要在哪方面提升，但如果一开始就面对高考级别的考试，那么他无法从考试的失利中获取任何能提升自己成绩的值得努力的目标。同样，如果一开始鉴别器 D 的判别效果就处在比较差的状态中，生成器 G 也无法进行优化，就如同一名大学生一直参加小学级别的考试，也无法获取提升成绩的目标。

如果从概率统计的角度看待 GAN，这个生成器 G 相当于需要找到真实样本的分布。如下页图，黑色曲线表示输入数据 $x$ 的实际分布，绿色曲线表示的是 G 网络生成数据的分布，训练的目标是两条曲线可以相互重合，也就是两个数据分布一致。而蓝色的曲线表示的是生成数据对应于 D 的分布。a 图显示的是刚开始训练的时候，D 的分类能力还不是太好，因此有所波动，生成数据的分布也自然和真实数据分布不同，毕竟 G 网络输入是随机生成的噪声；到了 b 图的，D 网络的分类能力就比较好了，它明显可以区分出真实数据和生成数据，也就是给出的概率是不同的；而绿色的曲线代表 G 网络的目标，即学习真实数据的分布，所以它会往蓝色曲线方向移动，如 c 图所示，并且因为 G 和 D 是相互对抗的，当 G 网络提升时，也会影响 D 网络的分辨能力。

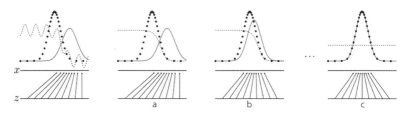

生成器的生成能力曲线逐渐逼近数据的真实分布

原始 GAN 论文展示了在 MNIST、TFD、CIFAR–10 三个数据集上的实验结果，如右页上图所示，其中每幅图的最右一列是真实样本，其他是生成的样本。这些结果在今天看起来效果并不好，生成的图像也较为模糊，但是在论文发表的 2014 年，能够实现这样的合成效果，已经足以引起相当大的轰动。

原生的 GAN 的生成方向无法控制，其生成效果具有一定的随机性，很难生成具有某种特定轮廓的图像。为应对这种需求，GAN 的衍生网络 Pix2Pix 产生了。Pix2Pix 是一种用于图像翻译任务的生成对抗网络架构，由菲利普·伊索拉（Phillip Isola）等人在 2016 年提出。Pix2Pix 的目标是将一个输入图像翻译成与之对应的输出图像，这种任务通常包括图像到图像的映射，如将黑白照片转换为彩色照片，或者将草图转换为真实照片等。

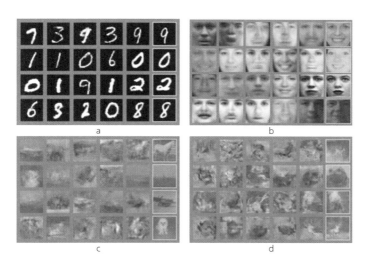

MNIST、TFD、CIFAR-10 三个数据集上的实验结果

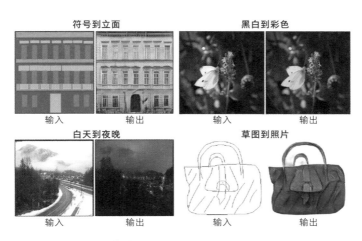

四组 Pix2Pix 的任务范例

Pix2Pix 训练时需要两组对位的真实样本，如训练一个草图生成真实照片的网络时，训练集中会包含大量的草图，以及与草图对应的真实照片数据，这大大增加了获取数据集的难度。随后，CycleGAN 的提出改善了这一情况。CycleGAN 是 GAN 的一种变体，由朱俊彦（Jun-Yan Zhu）等人于 2017 年提出。与传统的图像翻译方法不同，CycleGAN 不需要成对的训练数据，而是通过对抗训练来学习图像之间的映射，同时保持一致性。其主要应用之一是图像风格迁移。

输入图像

预测图像

CycleGAN 的任务范例

### 4.3.2 扩散模型

虽然生成对抗网络在图像生成领域取得了显著的成功，但它们也存在一些劣势。

第一,模式崩溃（Mode Collapse）。GAN 容易遭遇模式崩溃问题，即生成器可能只学到训练数据中的有限模式，而无法生成全面、多样的样本，导致生成的图像可能缺乏多样性。

第二，训练不稳定。GAN 的训练通常需要细致地调整超参数，在一些情况下，GAN 的生成器和判别器可能无法达到平衡，从而导致训练不稳定。

第三，对超参数敏感。GAN 对于超参数的选择相当敏感，包括学习率、网络结构、损失函数的权衡等，选择不当的超参数可能导致训练不成功或生成质量差的图像。

第四，对训练数据敏感。GAN 对于训练数据的质量和多样性要求较高，如果训练数据不足或者不具有代表性，生成的结果可能受到影响。

随后在 2018 年提出的 Diffusion Model（扩散模型）迅速改变了这一局面。具体而言，论文《重新审视扩散模型的非参数估计》（"Revisiting the Nonparametric Estimation of Diffusion"）在 2018 年发表在国际会议——神经信息处理系统大会（NeurIPS，Conference on Neural Information Processing Systems）上。这篇论文重新审视了关于扩散（diffusion）的非参数估计方法，并提出了一种新的深度学习模型，即 Diffusion Model。Diffusion Model 的关键思想是通过逐步引入噪声，从简单的分布逼近目标分布。这种模型结构被用于生成图像、去噪等任务，并且具有一些独特的性质，如生成过程的可逆性和生成图像的渐进性。

在生成对抗网络中，生成器 G 需要输入一个噪声图像 z 才能生成我们想要的图像 G(z)。z 的分布是无序的，G(z)的分布是有序的，二者的关系在现实世界也能找到对应的案例，如无序的沙子能通过芯片工艺变成呈原子结构排列规则的芯片；房间不收拾会变得凌乱；墨水滴入清水使清水变得浑浊；山顶的石头随着时间变化容易坠落到谷底。

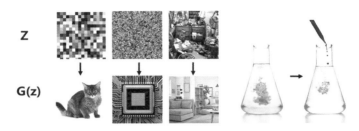

由噪声生成图像对应着自然界无序变有序的现象

以上谈及的例子涉及无序和有序之间的转化，有序变无序称为熵增，无序变有序称为熵减。在热力学中，熵是系统混乱程度的度量，也可以理解为能量在系统中分布的不均匀程度。热力学第二定律表明，孤立系统的熵总是趋向于增加，直到达到最大值。在一个封闭系统中，不受外界干预，系统内部的熵增加是不可逆的，这意味着系统趋向于朝着更加随机、无序的状态发展。当系统从一个有序状态转变为一个无序状态时，熵增加。在不同的历史阶段，鲁道夫·克劳修斯（Rudolf Clausius）、约西亚·吉布斯（Josiah Gibbs）、路德维希·玻尔兹曼（Ludwig Boltzmann）、香农等不同领域的学者都给出过熵的不同定义。这些熵的定义的本质是统一的，它们之间的差异反映了人们对熵的认知的发展。熵是一个在不同领域有不同定义的概念，但在物理学、信息论和热力学中，有一些共同的理解。总体来说，熵增加的现象可以用来描述自然趋向于更加随机、混乱和无序的趋势。这种趋势与我们所观察到的现实世界中的许多过程一致，如热传导、化学反应等。

依靠神经网络从一张噪声图片中生成一个具有特定内容的目标图像（如一只猫），这个过程是逆熵的。而让无序的噪声图像朝着更为有序的方向分布，对抗神经网络的生成方式是一步到位的，这个训练过程给损失函数的收敛带来很大的困难。不收拾的房间是一天一天变得混乱的，那么逆熵过程也应是一步一步将其收拾得整洁。扩散模型的灵感即来源于此，Diffusion Model 定义了扩散步骤的马尔可夫链（Markov Chain），以缓慢地将随机噪声添加到数据中，然后学习反转扩散过程以从噪声中构建所需的数据样本。

如下图，Diffusion Model 收集了一系列头像图片作为样本，通过 $T$ 个步骤逐步向样本图像里添加噪声，直至第 $T$ 步形成纯噪声图像。在训练过程中，随机选取一步（$X_{t-1}$，$X_t$），通过神经网络把 $X_t$ 作为输入，逆向预测 $X_{t-1}$（在论文中并不是直接预测 $X_{t-1}$，而是预测一个噪声，然后通过计算得到 $X_{t-1}$）。经过一系列的训练后，

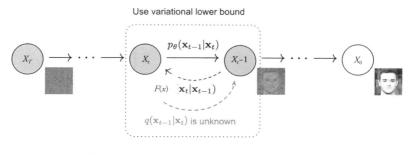

Diffusion 网络架构

Diffusion Model 也就学会了如何去除噪声了，在推理阶段再让模型经过 $T$ 步去噪就得到了我们想要的目标图像。

Diffusion Model 采用的是逐步推理，而对抗神经网络采用的是一步推理，Diffusion Model 生成的图像相较于对抗神经网络更为清晰，训练过程中损失函数也容易收敛。产生这种差异的原因可以从逆熵的角度来解读。让我们看一个例子，下图是一座长满树木的山，从山脚爬到山顶是个逆熵过程。这里存在一条最佳路线（红色路线），我们每天通过地图找到这个最佳路线来练习爬山，练习好了之后，地图就会被收回。我们在山脚下是无法看到最佳路线在哪里的，于是选择了一个随机初始点开始爬山，最终通过另一条路线（白色路线）到达了山顶。我们之所以能到达山顶是因为我们在练习爬山时，不是记住了爬山的路径，而是学会了爬山的动作，具备了应对跨越

Diffusion Model 的训练过程就像学习爬山，爬山需要的不是记住路径，而是学习每一步该怎么往高处走

障碍的能力，这些能力不是通过记住整个爬山过程获取的，而是在每一个具体的步骤中获取的，这相当于 Diffusion Model 训练过程中的具体某一个步骤的去噪操作。拥有这种爬山能力后，我们就可以去攀爬拥有类似路径的其他山体了，相当于 Diffusion Model 拥有了泛化能力。

2022 年是 Diffusion Model 商业化应用集中爆发的一年，它分别催生了 Stable Diffusion、DALL-E 和 Midjourney 这些产品。这些产品以 Diffusion Model 为图像生成器，结合 CLIP 形成文本到图像的生成效果。其中，Stable Diffusion 使用取自 LAION-5B 的图像文本对进行训练，LAION-5B 是一个公开数据集，其中有 50 亿个图像文本对。DALL-E 是与 CLIP 联合开发并向公众公布的，CLIP 是一个基于零样本学习的独立模型，它是在 4 亿对带有从互联网上抓取的文本标题的图像上进行训练的。DALL-E 2 使用 35 亿个参数，比其前身要少。

### 4.3.3　自然语言处理生成式网络

前面提及的 GAN 和 Diffusion Model 都是图像生成类架构，自然语言处理领域也在一直探索语言文字生成式网络。自然语言处理生成式网络框架的发展历史可以追溯到神经网络的早期阶段，但生成式模型在近年才开始引起广泛关注，其发展历史分成若干阶段。早期的神经网络语言模型主要集中在离散表示的单词上，如传统的神经语言模型（NNLM），这些模型试图通过学习单词的分布式表示来捕捉语言结构。随着 RNN 的引入，模型开始能够考虑上下文信息，更好地捕捉序列数据中的依赖关系。然而，长期依赖问题使得 RNN 在处理长序列时性能不佳。为了解决 RNN 中的长期依赖问题，LSTM 被引入。Transformer 模型的提出标志着生成式模型的一个重要转变。Transformer 使用自注意力机制，能够并行处理输入序列，大大提高了训练效率。这种结构首次被应用的是机器翻译领域，如谷歌的 Transformer 模型。

前文介绍过 Transformer 模型，它对于自然语言处理领域是个革命性的模型，但其主要应用在翻译领域上。自然语言处理领域的研究人员想通过改造 Transformer 模型让其在其他领域取得突破。

Transformer 模型分成编码器和解码器两个部分，这两部分分别演进出谷歌 AI Language 团队的 BERT 模型和 OpenAI 的 GPT 模型。BERT 的网络结构类似于 Transformer 的编码器部分，而 GPT 类似于 Transformer 的解码器部分。仅从网络的组成部分的结构来看，最明显的差异是它们采用了不同的注意力机制，GPT 的注意力机制在文本训练过程中遮蔽了后文，而 BERT 则随机遮蔽上下文词语。这种结构差异简单来说就是 BERT 模型能做文章的完形填空，而 GPT 能生成文章。所以，BERT 主要用于自然语言理解，如可以在问答系统中用来理解问题并生成答案，可以用来比较两个句子之间的相似程度，也可以用来对文本进行分类，可以用来对文本进行情感分析，可以用来识别文本中的命名实体。而 GPT 在文本生成方面表现尤为优秀，它可以生成各种类型的文本，如文章、诗歌、对话等，也可以用来自动完成用户输入的文本，生成翻译后的文本，生成对话以及文章摘要。

GPT-4 展示了在广泛自然语言处理任务上的卓越性能，包括文本生成、问答、语言理解等。随着技术的发展，后续版本可能进一步优化性能和功能。

自然语言处理生成式网络框架经历了从传统的神经网络模型到引入注意力机制和预训练技术的演进。在这一过程中，模型的规模和复杂性不断增加，在各种自然语言处理任务上取得了显著成果。

## 4.4　深度学习与建筑设计

深度学习兴起之后，在各个领域都有广泛的应用。除了计算机视觉和自然语言处理之外，深度学习还应用于推荐系统、医学图像分析、自动驾驶和无人系统、金融、制造业、游戏开发、社交媒体分析、气象学等领域。伴随着 20 世纪八九十年代开始的信息化浪潮，建筑设计行业也兴起了数字化革命，对于深度学习呈拥抱态度，现阶段对深度学习的研究应用主要集中在图像生成领域。

在建筑设计学术界，一些学者率先使用深度学习的方式，对神经网络进行改造，并使之可以编码理解学习建筑相关的信息与内容。其中，建筑设计领域的研究者郑豪博士与袁烽教授为早期使用 ANN，研究建筑形态生成的研究者。他们通过 ANN 构建了一种特定的人工神经网络，学习和生成建筑形式的设计特征。这是一个具有特定参数的定制数据集结构，通过重建具有控制点的曲面并附加额外的输入神经元作为量化向量来描述设计的特性。使用生成的设计数据进行神经网络的训练，然后通过调整特征参数进行测试，测试结果显示了不同特征参数对应的一些基本几何设计特征，为设计者生成和分析建筑形式提供了一种数据驱动的方法。

在学术界则多是利用 GAN 模型进行各种试验。早期利用 GAN 模型进行研究的比较著名的成果是由斯坦尼斯拉斯·夏尤（Stanislas Chaillou）训练的一个生成公寓单元布局的模型，该项目旨在协助建筑师填充特定轮廓的房间布局和家具，并最终将所有公寓单元重新组装成具有完整功能的平面图。该项目还试图将平面图从一种风格转换为另一种风格。我国也在这方面做了很多探索，有些研究者将 GAN 模型运用于绿建节能分析，如同济大学的黄辰宇等探索了将含有高度信息的建筑轮廓图输入模型，让其生成绿建节能热力图。GAN 模型还可以应用于总图方案生成、街景分析等阶段。

建筑被定义为可进入的三维实体，3D 数据当然也应是建筑设计与深度学习相结合的研究重点。当下比较知名的 3D 生成网络框架有两个：一个是神经辐射场（Neural Radiance Fields，NeRF）；另一个是最近风头正盛的 3D 高斯泼溅（3D Gaussian Splatting）。NeRF 是一种用于三维场景重建的深度学习模型，它的原理基于神经网络和体积渲染的思想，通过训练一个神经网络来直接预测输入图像的场景中每个点的颜色和密度，从而实现对场景的高保真重建。NeRF 基于体积渲染的思想，将场景表示为一个三维体积，其中每个体素（体积像素）包含颜色和密度信息。这个体积是一个巨大的数据结构，涵盖整个场景。因为 NeRF 模型生成的数据通常以密集的体积表示

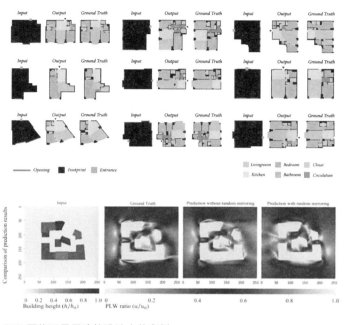

GAN 网络运用于建筑设计中的案例

场景，而不是常见的 3D 建模软件使用的显式几何（如三角网格），因此，直接将 NeRF 生成的数据导入传统的 3D 建模软件可能会面临一些挑战。跟 NeRF 一样，3D Gaussian Splatting 也是一种用于从多视图图像中重建 3D 场景的技术，不同的是，它将场景表示为一系列 3D 高斯分布，每个分布对应场景中的一个点。这些高斯分布的参数可以通过优化来估计，以使它们与多视图图像中的测量值相匹配。当然，3D Gaussian Splatting 也跟 NeRF 一样面临着对接传统显式 3D 建模软件数据的问题。

在生产建造端，深度学习的应用则更加灵活。在建筑施工过程中可以将深度学习与建造机器人相结合，实现自动化施工、质量控制以及提高安全保障。比如，让智能钢筋绑扎机器人使用深度学习技术来自动识别和定位钢筋，并自动绑扎钢筋，这可以提高钢筋绑扎的效率和质量，并降低人工成本。智能混凝土浇筑机器人可以检测混凝土表面的裂缝并修复，这可以提高混凝土浇筑的质量，并延长建筑物的使用寿命。智能安全巡检机器人可以识别工地中的人员和障碍物，避免机器人碰撞，这可以保障工地安全，并降低安全事故发生的风险。许多建筑设计深化团队将 3D 点云用于重建现有建筑或场地，为建筑设计提供真实的参考数据。例如，可以使用 3D 激光扫描技术来采集建筑工地的点云数据，然后使用点云处理软件生成建筑模型。其中会面临一些问题，如无法完整采集到空间中所有的点，这就需要用到深度学习技术进行点云补齐；又如，采集到的点云数据没有进行分类标注，这就需要利用深度学习技术训练一个神经网络对点云数据进行分割，一般把建筑空间中的点云分割成家具、柱子、梁、板等具体的建筑元素。3D 点云还可以用于验证建筑设计方案的准确性和可行性，例如，使用 3D 点云生成建筑模型，然后使用模型进行碰撞检测和可视化分析。随着 3D 点云技术的不断发展，其在建筑设计中的应用将更加广泛。

除此之外，当下流行的扩散模型也是设计师探索的新方向，一些特定领域的图像生成平台层出不穷，如建筑设计领域的小库 AI 与室内家装领域的酷家乐模袋云、暗壳等，不胜枚举，这些探索与实践让设计与人工智能擦出了绚烂的火花。

# 5

AI 与设计师
如何合作

> 人工智能不仅是创意工具，还是设计工作流程的重要组成部分。本章将深入研究各种人工智能工具如何与设计师协同工作，并重点介绍当下主流的 AI 工具与成熟的网络。

## 5.1 设计工具与 AI 集成

基于前文所述各种图像识别原理和人工智能开源技术，新的 AI 应用如雨后春笋般涌现。单一模态的 AI 应用，如图像类 AI、文字 AI、视频 AI、三维 AI 与音频 AI 均迅速出现，在其各自的分支领域发展、成熟。图像 AI 运用卷积神经网络与扩散模型，以 Midjourney 与 Stable Diffusion 为代表，可以通过文字与其他条件的输入，获得一张精美的 2D 图片。文字 AI 以 NLP 和 Transformer 网络（如 GPT 系列）为代表，发展出 ChatGPT、文心一言等通用类或垂类的自然语言处理大模型，可以通过语言的方式处理日常生活中的一些文字类任务。

与此同时，多模态的人工智能应用也在不断发展，以 ChatGPT 为首的多模态 AI 应用可以同时处理文字、图像等信息，并综合给出最符合提问者需要的信息类型。这种交互方式颠覆了人类与工具的交互方式，使 AI 可以真正成为人类密切的助手。当下诸多设计

人工智能应用领域

工具也与各类型大语言模型或图像模型搭接，形成 AI 技术与设计工作一体化的工作环境。如 Adobe Photoshop，其 beta 版本的萤火虫（Firefly）可实现图像模型与传统图像处理工作流的稳定搭接。Revit 与 Rhino 软件不同的插件也支持数字化工具与语言模型等不同层次的搭接，可以实现概念设计，甚至施工图的局部优化和出图，大大提高了设计方案过程中的图纸深化效率。再如，影视行业工作软件 USD Composer、英伟达（NVIDIA）开发的 ChatUSD 语言模型可以实现用户使用自然语言与计算机进行交互，完成大量烦琐的建模工作。抑或是 2024 年初火爆的 SORA 和 SunoAI，都体现出大家对于 AI 应用的强烈兴趣。

针对建筑设计行业的工作流与市场需求，AI 工具与建筑设计软件的结合通常涉及以下几个方面。

第一，设计辅助与优化。AI 可以帮助设计师生成多种设计方案，并基于预设的参数和目标优化设计，这被称为生成设计，AI 图像应用可以帮助设计师在出图阶段大大提高效率。

第二，设计软件可以使用 AI 算法分析建筑的能源效率，如通过模拟不同的设计方案来预测建筑的热效率和自然光利用。

第三，数据分析与决策支持。建筑设计软件集成 AI 可以对大量的历史项目数据进行分析，为设计师提供基于数据的决策支持。

第四，利用 AI 进行模式识别和预测分析，帮助设计师了解不同设计选择对成本、时间表和可持续性的潜在影响。

第五，自动化文档生成。AI 可以自动创建建筑项目的文档，如施工图、规格说明书和材料清单，还可以检测设计文档中的错误和不一致性，提高准确性，减少人工审核的工作量。

第六，结构分析和模拟。利用 AI 进行结构分析，预测建筑在自然灾害中的表现，提高设计的安全性。AI 辅助的流体动力学模拟和光照分析可以帮助设计师优化建筑的环境表现和用户舒适度。

第七，智能建模。AI 可以辅助快速建立建筑信息模型（BIM），自动识别和插入建筑组件，在三维建模中，AI 可以辅助识别和应用建筑规范和标准。

第八，后期运维。结合物联网（IoT）技术，AI 可以用于建筑物的运维阶段，分析建筑性能数据，预测维护需求，优化能耗。

结合 AI 的建筑设计软件使得设计过程更加智能化，设计师可以更专注于创意和创新，而将计算密集型和数据分析的任务交给 AI 处理。随着技术的发展，AI 与各类设计软件的结合将更加紧密，功能也将更加多样化。

## 5.2 当下各类 AI 应用与操作说明

从 2017 年 Transformer 模型被提出到 2023 年年底，短短六年，人工智能由底层算法到应用层面都发生了翻天覆地的变化。从 Transformer 到 Diffusion，从文字到图像再到视频，当下的人工智能体不是一个噱头和概念，而是实际可被执行、被理解、被控制的一种能力。这种能力不仅体现在为项目的降本增效上，还体现在其数字化优化上，AI 辅助后的项目能够更快、更好地被完成。本章从当下主流的 AI 应用入手，将其分为文字、图像、视频、交互等类别，并介绍其背后的原理和使用逻辑。

### 5.2.1 文字生成类 AI

文字是人类社会最璀璨的发明，也是人类区别于其他生物最突出的特点，我们可以通过文字去合作、交流、传承、记录。作家通过文字抒发情感，科学家通过文字记录演算，政治家通过文字运行这个世界。但是当下，基于 Transformer 模型的神经网络可以处理文字、学习文字、生成文字。

文字类人工智能技术，尤其是基于 Transformer 架构的模型，如GPT，已经成为自然语言处理领域的一个革命性产物。Transformer 模型的核心在于其独特的注意力机制，这使得模型能够在处理文本的同时关注序列中的每一个元素，从而更有效地捕捉上下文信息。与之前的循环神经网络相比，Transformer 的这种并行处理方式不仅提高了效率，也大幅增强了模型理解和生成复杂文本结构的能力。

正如前文所说，注意力机制是 Transformer 的一大特点，这个特点让模型在处理数据时"关注"序列中的特定部分的技术。在自然语言处理中，这意味着模型可以专注于输入文本中的相关信息，同时忽略不相关的部分。例如，在翻译一个句子时，模型可能会更加关注与当前正在翻译的词语相对应的原文词语。注意力机制使模型能够更好地理解上下文，因为它不是静态地处理每个词，而是根据周围词的相关性动态调整数据。在处理长句子时，注意力机制帮助模型有效地捕捉远距离的依赖关系，这是之前的模型架构，如 RNN 难以实现的。GPT 技术在此基础上进一步发展，采用大规模的预训练，通过学习大量文本数据来掌握语言的通用模式和结构。经过这种预训练之后模型可以针对特定的应用场景进行微调，以适应从文本生成到问题回答等多样的任务。GPT 的一个显著特点是其生成能力，即不仅能理解文本，还能自主创作出流畅、连贯的文本内容。

当下文字类人工智能看起来似乎拥有了人类的语言能力，有时候甚至表现出智慧，给出行云流水般的对答，往往让人很难相信对面是一个人工智能语言模型。这种情况在借助 GPT 生成代码和检查代码报错时尤为明显，它能够很好地理解我们的意图，并生成合适的解决方案。GPT 真的拥有智慧或者思考能力吗？答案暂时是否定的，所有当下的文字类 GPT 生成的内容都是基于大量素材的训练，基于前一个文字预测后一个文字的概率计算。这种经过大量数据集训练后的模型表现出一种极为聪明的样子，但是它当下的深度逻辑也仅是概率预测。在 GPT 生成文本时，每个新生成的词都基于之前的所有词，这意味着模型在选择下一个词时，会考虑到目前为止生成的整个文本序列，因此，每个词都与前面的词存在上下文关系。这种对前文

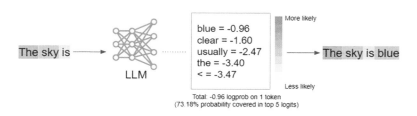

大语言模型预测下文工作流（来自 Annie Surla）

的依赖确保了生成的文本在语法和语义上的连贯性。通过这种方式，GPT 能够生成看似自然和流畅的文本，就像人类写作一样。

在 GPT（如 GPT-4）生成回答时，用户的问题和已经生成的句子都扮演着关键的角色，影响着模型的输出。用户的问题为模型提供了上下文，即回答需要围绕的主题或信息点，这可以帮助模型理解回答的方向和焦点。问题中的关键词和短语激活模型内部存储的相关知识和模式，问题的结构和内容还会指导模型确定回答的类型，如解释性、信息性或指令性，比如，一个以"为什么"开头的问题通常要求解释性回答。已经生成的句子同样会对下文的生成产生极大的影响，在一个持续的交流过程中，之前生成的句子构成了对话的历史纪录，模型会利用这个历史记录来维持对话的连贯性和相关性。已生成的句子为模型提供了额外的上下文信息，这有助于模型更精准地理解和回应用户当前的问题。模型也会使用已生成的句子来避免在回答中重复之前的信息，确保提供新的或补充的信息。对于涉及多轮交流的情况，之前的句子会帮助模型追踪对话的进展，处理长期的依赖关系。

ChatGPT 与 GPT-4 被许多人称为当下文字类 AI 最好的代表，GPT-4 通过充足的训练与微调，表现出一种极高的文字能力与知识检索能力。普通人可以说很难与文字类 AI 竞赛知识的广度，在已有知识的学习和理解上，人类大脑的涵盖范围和处理速度远比不上GPT。目前，世界范围内有大量的科研机构、公司正在开发自己的与 GPT-4 类似的大语言模型。

当下文字类 AI 最大的问题是其缺乏真正的逻辑性，并存在捏造事实的可能性。由于上文所述的文字类 AI 基于前文去预测下文的方式，其输出内容完全取决于训练集中知识的准确性与专业性，如果训练集中的素材存在较多的错误与不妥之处，训练出来的 GPT 也会表现出此类特征。同时，在遇到训练集中不存在的知识时，它会基于其他语料对下文进行预测，从而表现出"捏造事实"的使用感受。但随着大语言模型的发展与规范，这类问题可以通过更严格的数据清洗、生成内容的溯源等方式改善。

由于 ChatGPT 的闭源性质，在国内进行本地部署和安全使用时，ChatGLM-6B 因参数量较少以及开源性质，一跃成为可以在民用 GPU 上进行本地化部署使用的大语言模型之一。同时，由于每个行业都拥有本专业专属的知识库文档，如设计行业的行业规范、设计准则等，用户往往出于数据安全的考虑，不想将这些专属的知识库上传到第三方网站，抑或将它们作为大语言模型微调的材料。此时，通过 Langchain 或者 RAG 等技术可以很方便地将本地知识库与大语言模型进行互联，这是一种非常便携、高效的集成方式。下文通过清华大学开源的 ChatGLM 大模型与 Langchain 的结合，简单演示在本地机器部署和使用大语言模型辅助设计的过程。

Langchain-Chatchat 项目由 GitHub 软件项目托管平台作者 imClumsyPanda 发布，其项目地址为 https://github.com/chatchat-space/Langchain-Chatchat。该项目解决了当前大语言模型与本地知识库互联的问题，同时也解决了大语言模型本地化部署的痛点。Langchain-Chatchat 的原理是将用户的本地知识切分并向量化，同时将用户的提问向量化，将二者进行关联性计算，并把得到的相关语句段代入

prompt 模板，再输入大语言模型，由此可以达到使用大语言模型调用本地知识库进行回答的目的。

使用方法非常简单，直接通过如下的操作步骤便能实现从拉取代码、安装依赖到本地化运行。

```
# 拉取仓库
$ git clone https://github.com/chatchat-space/Langchain-Chatchat.git
# 进入目录
$ cd Langchain-Chatchat
# 安装全部依赖
$ pip install -r requirements.txt
$ pip install -r requirements_api.txt
$ pip install -r requirements_webui.txt
```

进入项目后，可以选择直接与大语言模型对话，或是新建本地知识库并上传本地知识。随后便可在聊天框通过询问语言模型，获得相关的本地知识库的精准回答。通过这个技术可以轻松地实现设计领域如规范机器人、设计说明自动撰写等功能，极大地方便了设计师，也提高了设计效率。文字类人工智能技术，尤其是基于大型语言模型的工具，可以以多种方式辅助设计公司处理从规范查找和解读、设计说明填写到其他相关领域的不同任务。

▶ **规范查找和解读**

**自动化搜索：** AI 可以快速搜索和定位特定的设计规范和标准，节省从庞大数据中手动查找的时间。

**内容摘要：**将长篇的规范文档转换成简洁的摘要，帮助设计师快速理解关键内容。

**语境相关的解释：**对复杂或难以理解的规范进行解释，帮助设计团队更好地理解和遵循行业标准。

▶ **设计说明填写**

**自动草稿生成：**基于项目的具体信息自动生成设计说明的初稿，减少编写时间。

**语言风格调整：**根据目标读者（如客户、审查团队）调整说明书的语言风格和技术深度。

**错误检查和改进建议：**检查设计说明中的语法错误、用词不当等问题，甚至提出改进的建议。

▶ **创意发想和概念发展**

**灵感生成：**提供创意点子和概念建议，助力设计师在项目初期阶段的创意发想。

**趋势分析：**分析最新的设计趋势和案例，为团队提供对行业动态的见解。

▶ **客户沟通**

客户咨询自动回复：利用 AI 快速响应客户的常见咨询，如项目进度、设计理念等。基于客户的背景和需求，生成个性化的沟通文本，增强客户关系。

Langchain-ChatGLM 本地知识库对话界面

### 5.2.2　图像生成类 AI

图像类 AI 和计算机视觉之间存在着紧密且互补的关系。事实上，图像类 AI 通常被视为计算机视觉领域内的一部分，两者共同推动了对视觉信息的自动化理解和处理。计算机视觉是一门研究如何使计算机"看到"和解析视觉信息（如图像和视频）的科学，它包括图像识别、处理、分析和理解等多个方面。计算机视觉提供了图像处理、分析的基础框架和技术，而图像类 AI 通过引入机器学习和深度学习，增强了这些技术的智能化和自动化水平。计算机视觉的进步为图像类 AI 提供了技术土壤，而图像类 AI 的创新又不断推动计算机视觉领域的发展，两者在技术和应用上存在相互促进的关系。

由于图像类 AI 模仿的是人类的视觉功能，而视觉功能背后的图

计算机视觉案例：多目标检测

像解析与图像识别可以说与设计行业息息相关。设计行业的工作中有相当多的部分和图像相关，风格、流派、比例、尺度，其实都是图像的一种反映与解析。从这个角度出发，图像类 AI 可以帮助设计师处理日常工作中相当多的琐碎与具有重复性的任务，在设计师缺乏灵感的时刻，也可以为他们带来意想不到的想法。

其实，图像生成早在 2017 年左右便初具成果，当时已经可以通过文字输入来获得一张计算机生成的图片，但使用 GAN 等模型获得的图像品质并不是特别好。在图像领域开始使用扩散模型之后，它在图像生成和编辑方面表现出了巨大的潜力。Diffusion 模型采用了一种不同于传统的图像类 AI 技术（如 GAN）的方法：Diffusion 模型通过一系列渐进的步骤，从一开始的随机噪声中生成图像。这个过程类似于逐渐将噪声"清洗"掉，直到形成一个清晰的图像。通过这种方式生成图像的质量远高于使用 CNN 网络生成的图像。

当下大家所熟知的 Midjourney、DALL-E 以及 Stable Diffusion，

都是基于类似扩散模型框架的实际应用。Midjourney 与 DALL–E 是当下较为知名的图像生成平台，用户可以通过输入文字等操作来获得一张基于文字的稳定扩散结果，其图像品质从 2022 年年中到 2023 年年底已经有了长足的进步。Stable Diffusion 是开源的一套图像生成算法模型，由于其开源属性，在社区围绕 Stable Diffusion 迅速形成了大量的辅助类开发，如控制网、SD WebUI、ComfyUI 等图像操作界面，以及用来微调扩散模型的 LoRA 训练脚本等。目前，以 Stable Diffusion 为核心的开源社区成为 AI 图像领域最活跃的社群之一，大量的模型分享与开源开发大大降低了普通用户使用 AI 辅助项目的门槛与难度。下文基于 Stable Diffusion 与其整合的开源算法工具，详细阐述如何使用扩散模型辅助设计。

使用基于 Stable Diffusion 的扩散模型辅助设计可以在设计的不同阶段通过不同的能力去介入，大致可以分为几个主要步骤：图像生成、图像模型微调与训练、精准控制生成和图像修改。

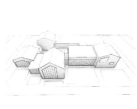

利用 Stable Diffusion 通过单一线稿生成模型摄影照片

▶ **图像生成**

目前网络上开源的图像模型，如 Stable Diffusion 1.5 或 SDXL 模型都是预训练的扩散模型，可以直接用于生成图像。用户提供描述性的文字（如 "一个现代风格的客厅"），模型就能生成与之匹配的图像。而在生成图像的过程当中，还涉及多个参数的调节，一些基本的参数会极大地影响图面的效果，如提示词相关性、降噪系数、采样器类型和迭代步数等，可以通过调整模型参数（如提高迭代次数、降噪强度设置等）来影响生成图像的风格和细节。在设计领域，这种生成可以用来快速创建设计草图或寻找视觉灵感，特别适用于初期的概念设计阶段。而且，由于开源算法模型控制网络（ControlNet）的介入，设计师可以很好地利用自己的手绘草图或建模截图来进行较为精准的生成。

Stable Diffusion 模型可以通过开源的 UI 使用，网络上开源的 Automatic1111 webUI 或是 ComfyUI 都可以用来对扩散模型进行参数调节和输出。

▶ **图像模型微调与训练**

尽管 Stable Diffusion 模型已经过预训练，但是由于预训练的大模型涉及的图像数据集过于庞杂，往往很难针对专门的细分领域进行精确的生成任务。而 LoRA 方法的提出可以通过少量的数据集微调出一个行业内部的模型，从而使模型更好地适应特定的设计风格或需求。由于设计任务相同，通过特定图像的收集与整理，可以实现精准的图像生成与风格模拟。

　　训练时需要注意将这些图像分类、清洗、打标与归纳，并做到训练集素材的均衡与完整。AI 图像模型的训练集往往由图像本身和相匹配的文本素材组成。这个文本素材的打标需要根据用户的习惯以及生成任务的需求进行精确的优化与调整，训练完成后的模型可以作为一种控制对象，控制生成的图像风格与画面效果。常用的训练模型的方式有 LoRA 与 Dreambooth，这两种方式都是微调模型常用的算法框架。在训练脚本中，学习率、Batch Size、Scheduler、优化器、网格尺度的选择，都是至关重要的。

　　模型微调是一项极其重要的工作，微调前的模型从生成图像的质量和生成图像的类型上都有局限性，而训练后的模型可以满足设计师一些具体的工作内容，如垂类的空间生成、效果图生成，以及基于输入线稿的彩色平面图生成。微调后的模型可以嵌入设计师的

LoRA 模型训练脚本

工作流当中，如平面填色、效果图生成等，极大地方便了设计师的日常工作。

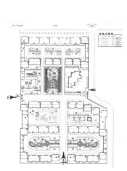  

AI 生成总图（控制图）　　　　　AI 生成总图（生成图）

▶ **精准控制生成**

精准控制生成即文本提示优化，使用精确的文本提示来指导图像生成。例如，通过指定颜色、材质、光线等细节，可以更精确地控制生成的结果。进阶用户可以通过编程接口直接操控生成过程，如调整特定层的权重，以达到更精准的控制。再搭配控制网络，用户可以实现精确的点对点的控制，输入任何形式的 2D 图像，都可以作为控制要素，控制输出图像的细节。

控制网络由我国张吕敏开发，并开源在 GitHub 与 Hugging Face 等平台，对 AI 生成图像领域产生了巨大的推动作用。其原理是对 Stable Diffusion 中每一层的扩散进行控制与引导，并最终获得受到精

通过输入线稿图精准控制输出图像的细节（上：控制图，
下：AI 生成图）

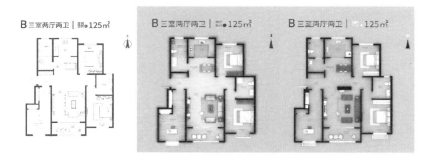

AI 自动平面填色（左：控制图，右：AI 生成图）

确控制的图像。控制网络的使用分为两步，首先通过预处理器将输入控制网络的图片进行统一预处理，产出控制网络模型可以识别的图像形式，再将预处理后的图像输入控制网络模型，从而通过控制网络模型介入扩散模型生成图像的过程，得到最终满足控制需要的图像。控制网络的预处理器与模型较多，通常各有各的特点，一些比较常用的控制网络的控制模式有以下几种：

**最大似然序列检测（MLSD，Multilevel Stochastic Diffusion）**：通常用于直线的处理与识别，对于曲线识别度较差，通过多级别的处理来提升图像细节和清晰度。

**Lineart**：专注于生成线条艺术，如草图或描线图，是当前控制网络中使用最广泛的处理方式，适合艺术创作和设计草图的初步阶段，可以用于强化图像的结构和轮廓。

**Segmentation**：用于图像分割，将图像分成不同的部分或区域，有助于理解和处理复杂的场景和对象，常用于图像编辑和合成中，以区分不同元素。

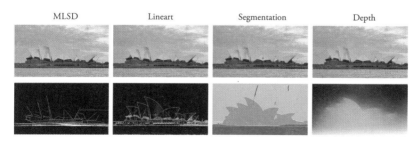

设计类任务常用的 ControlNet 预处理器对比

**Depth：**用于创建或增强图像的深度感，有助于 3D 建模和场景重建，适用于增强虚拟现实和增强现实体验。

**Openpose：**专注于人体姿势识别，可用于动作捕捉和动画制作，有助于理解和重现人体动作和姿态。

#### ▶ 图像修改

对 AI 生成的图像进行修改是 AI 生成图像商业化运用的最后一步，由于 AI 图像模型在生成成果时往往具有一定的随机性和不确定性，因此基于 AI 图像生成的原理再对生成的图片进行二次或者多次修改成为一个非常重要的议题。有很多基于扩散模型的 AI 工具可以实现图像的修改与二次编辑，如 Adobe Photoshop 的 AI 工具 Firefly，或是 Runway 软件内置的无限画板等功能，都可以轻松实现二次生成、修补或扩图。同样，在 Stable Diffusion WebUI 上也可以修改现有图像，如 Stable Diffusion 具有的 inpaint（图片内修改）与 outpaint（图片外扩充）功能，允许用户在 Stable Diffusion 中通过蒙版选中区域，并对该区域进行二次 AI 重绘。且伴随着分割一切模型（Segment Anything Model,SAM）的出现，设计师可以瞬间分割任何一张图片，并精准地选中不同的部分，结合使用 Stable Diffusion 的重绘功能便得以重新生成。

Stable Diffusion 的扩散模型为设计师提供了一个强大的工具，不仅可以让创意过程加速，还可以为设计师提供新的设计灵感。设计师可以在从概念生成到最终产品细节完善的各个阶段，充分利用 AI 的能力。

在 Inpaint anything 中实现局部修改与替换（左：原图，右：AI 生成地毯）

### 5.2.3　视频生成类 AI

在当下这个媒体时代，视频成为传播知识、观点、想法的重要媒介之一。在实际项目中，无论与业主探讨方案还是做方案汇报，或是传达概念，视频都发挥着不可或缺的作用，如何用人工智能技术提高视频制作的效率，拓宽视频制作可能性的边界，是十分重要的话题。当下较为主流的视频类 AI 工具有 Animatediff、Deforum、Ebsynth、Runway、Pika 等，这些工具各自的侧重点不同，但大多是通过文字或额外的控制来达到通过自然语言描述生成视频的效果。这对于以往高昂的视频制作成本来说无疑是一个重大的突破。

AI 生成视频最大的技术难点是如何减少每一个由 AI 生成的帧之间的差异性，做到在快速播放时，动画出现较少的闪烁。目前，为了减少帧与帧之间的闪烁，要做到如下两点：第一，要确保用于视频生成的 AI 模型足够稳定，能够在连续帧之间保持一致性，这通常意味着需要进行大量的模型训练，使用大规模、多样化且高质量的训练数据集，同时在生成模型中加入时间连贯的组件，如 RNN 或 LSTM。这些网络结构可以帮助模型记住之前帧的信息，并在生成新帧时考虑到这些信息，从而减少闪烁，通过帧间插值，在连续的帧之间平滑过渡，通过计算连续帧之间的中间帧，可以减少视觉上的跳跃，使视频看起来更流畅。第二，调整和优化视频生成算法，确保在每一帧中保持关键特征的一致性，这可能涉及调整网络参数、使用更高级的 DiT 技术等。

在 2023 年 10 月结束的 Gen48 比赛上，参赛选手仅能在 48 小时内使用 Runway 提供的 AI 工具进行创作，并完成特定的主题。选手充分地展示了当下的专业人士在 AI 工具的加持下，通过文生视频、图生视频、镜头控制等方式，可以以极高的效率产出创意，并通过各类 AI 工具的交叉使用，产生稳定传达创作者思想的新型工作流。

2024 年 2 月，OpenAI 的 Sora（人工智能文生视频大模型）让大众看到了 AI 生成视频的新的机遇。Sora 和其他 AI 生成视频的算法有所区别，它使用扩散模型结合 Transformer（DiT），并使用"时空补丁"统一了训练素材，这样训练素材的时长和大小都能够更加自由，这也解释了为什么 Sora 能够实现全局的一致性而且没有传统 AI 视频的闪烁问题。目前的 Runway 软件（一款人工智能视频生成软件）或 Pika 软件（一款人工智能视频生成软件）都有一些共同的特征，即全局无法统一，这是 Sora 让大家感到惊讶的主要原因。如果 Sora 展示的视频效果是真实的，未来相关行业会受到一定的影响，

而且由于它已经实现了使用扩散模型实现全局一致性，也使 AI 生成
3D 的质量产生了质变。并且通过全局一致性的视频，未来一定可以
基于此实现一个三维模型的生成。设想在建筑或是室内设计中，通
过文字就可以生成全局一致的三维模型，这带来的潜在的冲击无疑
将是巨大的。不过，目前还无法做出具体的评判。

　　AI 生成视频技术无疑为我们的生活带来了极大的便利，但同时
也带来了一系列复杂的社会、法律和伦理问题。我们在享受这项技
术带来的便利和创新性的同时，也必须认识到它的潜在风险，积极
探索如何在创新与责任、自由与规范之间找到平衡。

### 5.2.4　3D 模型生成类 AI

　　针对 3D 模型数据训练与生成的 AI 算法模型与神经网络的建构
一直是业内关注的重点。由于设计类工作涉及大量模型的介入，AI
生成模型的研究也自然成为非常重要的一环。一些公司已经将 AI
生成 3D 技术整合为初步的商业化产品，如 Luma AI 的 Genie，已
经能够通过文字输入获得 3D 模型，虽然效果尚需证明，但其良好
的交互感让我们看到了未来 3D 生成的商业化前景。在开源技术领
域，生成式 3D 的研究在不同的方向产生了非常多的研究成果，如
Shap-E、NeRF、3D Gaussian 等，但目前 3D 资产的生成大多仍为
Mesh 模型，模型布线结构性和可编辑性较差，在设计领域的运用场
景还不成熟，且前文已详细介绍，本部分不再赘述。下文主要介绍
当下以图像为基础生成模型的关键性研究和技术概况，基于图像生

成模型对设计行业比文字生成图形有更大的实用价值，如果未来可以实现更加精准的图像到模型的生成，则可以在很大程度上改变设计工作流，提高设计效率。

在 NeRF 技术突飞猛进后，通过精确匹配的多视角图片，可以生成三维空间中的模型文件，以此为基点，只要我们可以通过一张图片获得基于这张图片的多视角一致性图片，便可以基于单一图片生成 3D 模型。这个问题目前初步可以被两篇新发布的论文解决：《Zero123++：从单一图像到一致的多视角基础模型》（"Zero123++: a Single Image to Consistent Multi-view Diffusion Base Model"）、《One-2-3-45++：通过一致的多视图和 3D 对象快速生成 3D 物体》（"One-2-3-45++: Fast Single Image to 3D Objects with Consistent Multi-View Generation and 3D Diffusion"）。论文中提到的 Zero123++ 技术可以基于单张图片生成视觉上一致的多视图图像，这种方法提高了从单一视角生成的图像在不同视角下的一致性。为了提高生成图像的一致性和稳定性，Zero123++ 提出了一种噪声调度策略，这种策略可以有效控制生成过程中噪声的引入，从而提高生成的多视角图像的质量。在全局条件下，它引入了 FlexDiffuse 技术来进一步优化生成效果，这种技术结合了灵活性和扩散模型的优点，能够生成更自然、质量更高的图像。Zero123++ 技术能够通过单一视角图像生成一致的多视图图像，这种技术的关键在于其能够应对多视角一致性的挑战，并通过创新的噪声调度和注意力机制来提高生成图像的质量，展示了在图像生成领域实现更高级别控制和灵活性的潜力，并为 One-2-3-45++

技术奠定了基础。

基于 Zero123++ 的成果，One-2-3-45++ 提出了一种从一致性图片生成模型的方法。

首先，基于单张图片生成一致、连贯的六视图，将六个视角的图像平铺成一个单一的图像，然后使用 2D 扩散模型生成这个组合图像，以确保不同视角间的一致性。

接着，利用一个多视角条件的 3D 扩散网络将这些多视角图像转化为 3D 网格。这个过程包括粗糙阶段和精细阶段，先生成一个

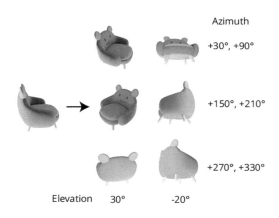

单图生成多视角一致性图片（论文索引号：arXiv:2310.15110v1 [cs.CV]）

低分辨率的 3D 占位体积，然后在细化阶段生成高分辨率的稀疏体积，预测更精细的 SDF（有符号距离函数）值和颜色，最后，对生成的 3D 网格进行纹理细化，以提高纹理质量，最终得到质量较高的模型。

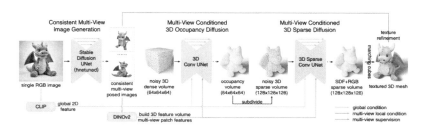

单图生成模型算法框架（论文索引号：arXiv:2311.07885v1 [cs.CV]）

该项目目前训练集为网络开源数据集，其针对对象为非垂类领域，设想将该模型的训练集替换为垂类训练集，则有较大的针对垂类领域效果提升的可能性。

### 5.2.5　交互类多模态

人工智能的单一模态运用在文字、图像、视频等领域都有了长足的发展，然而最终人类与这个世界的交互是通过不同的方式来完成的，此时便要求人工智能模型可以处理更多维度的信息，并实现不同模型之间的交互与串联。GPT-4 模型采用的便是一种初步的视觉与语言双重模态的交互方式，用户可以通过输入文字获得文字或图片，或者通过输入图片获得文字或图片。

2023 年 12 月，谷歌推出多模态模型 Gemini 的测试视频，更是验证了多模态才是最终的人工智能与人类交互的方向。因此，探索如何链接不同模型，并使之组合为一种可以交互的操作方式成为重要的研究工作。谷歌最近发布的 Gemini AI 是一款由 Google DeepMind 部门开发的先进人工智能模型，它融合了多模态处理能力，能够理解和操作包括文本、代码、音频、图像和视频在内的多种信息类型。Gemini 以其三个版本——Ultra、Pro 和 Nano 展现出适应不同复杂度任务的灵活性，从高端数据中心到移动设备都能高效运行。在众多基准测试中，尤其是在自然图像、音频、视频理解和数学推理方面，其 Ultra 版本甚至在大规模多任务语言理解（MMLU）测试中超越了人类专家。在演示视频中，它可以识别出用户实时绘制的图像，并给出判断，生成文字、图像和音乐。这种交互方式着实给当下的 AI 带来了更多的想象力。

多模态人工智能通过结合视觉、听觉和文本等多种数据类型，极大地丰富了交互式 AI 的能力和应用范围。这种集成的方法不仅使得用户与 AI 的交互更自然和直观，而且提供了更深层次的理解能力，特别是在分析复杂查询和请求时，多模态 AI 能够处理非言语沟通元素，如面部表情和声调，增强情感交流的细腻度。它还能适应不同用户的需求，针对特定的环境限制或个人偏好调整交互方式，这不仅提高了交互的质量和效率，而且开启了创新应用和服务的新领域，如结合视觉和声音增强现实体验。此外，多模态 AI 在提供更全面的数据分析和精确决策支持方面也显示出了巨大的潜力，尤其是在面对复杂和多变的情境时，多模态人工智能为交互式 AI 带来了前所未有的机遇。

## 5.3 设计师与 AI 的协作实践

设计师的工作和图像、文字等媒介挂钩，而当下的人工智能可以在图像、文字、视频等层面帮助设计师快速产出内容，虽然人工智能还在快速发展中，许多开源技术与工具还在不断优化，但已经有许多设计师将目前的 AI 工具引入当下的设计工作流中，在提高效率的同时，也为设计行业带来了新的思考与灵感。在概念设计阶段，一个比较成熟的工作流便是通过文字类 AI 应用，总结任务书与规范，并由此在创意阶段发散出符合设计规范和任务书需求的不同的设计概念。后续通过设计师对方案进行进一步深化和设计，再将设计得当的图纸输入图像类 AI 工具，以此获得精准的概念效果图，这是当下大多数设计公司使用图像和语言类人工智能的工作方式。总体来看，当下和未来，AI 在以下几个方面具有较大的商业应用价值和潜力，下文会详细介绍不同的任务所需要的技术，以及当下的一些有待发展的方面。

**▶ 概念方案设计**

前期概念方案设计在 AI 工具出现之前，往往是以意向图的形式和甲方沟通，但由于 AI 工具的发展，目前可以通过 Midjourney 等图像生成 AI 准确地生成符合任务书概念需求的意向图。同时，我们可以将这些符合概念需求的 AI 概念图收集打标，并进行二次训练，得到符合需要的 AI 图像模型，并通过运用这些 AI 图像模型，快速获得精准的、满足项目需求的设计概念，这种工作方式目前在许多

通过 Midjourney 生成的室内概念图像

设计公司中都已经得到了实践。

#### ▶ 概念效果图生成

　　由于在决定是否投入生产或者施工前，甲方需要对产品或者空间的效果进行最终的确认，因而效果图在设计行业应用广泛。当下的人工智能技术在图像领域的发展，可以很好地帮助设计师大量、快速地产出效果图，而此效果图的生成可以严格按照设计师的需求和设计逻辑精确调整。这项工作仅需要定制化地微调 AI 图像模型和结合控制网络调参出图，即可满足设计师在概念阶段的大部分需求，极大地减少了设计公司在前期投入的效果制作成本，也可以让设计师与业主更充分地交流。以前需要通过建模渲染的工作流，当下仅需要使用扩散模型便可以快速生成。

　　然而，当下技术仍然达不到非常精确的图像修改，以及百分之百的图像匹配性。如在不同视角下，空间设计的细节应该完全一致，但当下的技术并不能很好地解决这一点，只能通过后期的修改来达到，这是目前图像生成技术中的唯一缺陷。不过，利用 3D 模型作为形体的控制，并搭配 Segmentation 作为语义的补充，可以比较好地解决这个问题。

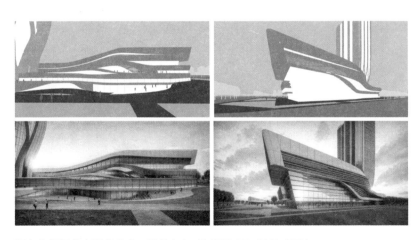

语义分割图像实现多角度一致性（上：控制图，下：AI 生成图）

▶ **空间漫游动画**

在室内设计和建筑设计中，当我们运用动画来展示时，需要较高的制作成本和较长的周期。如今，视频类 AI 高速发展，大量的工具涌现，如 Pika、Runway、SVD、Animatediff 等，这其中有许多开源工具可以帮助我们把一张静态的图像转化为动态的照片，在本地部署的机器上，一张 24G 规格的 4090 显卡可以在 20 分钟内实现几十秒的高清视频转绘。无须模型的动画生成无疑极大地降低了动画制作的成本，在未来一定会大大降低动画制作的门槛，提高动画制作的稳定性与频率。

原图　　　　　　　　　　　　　　　　生成动画静帧

单张图片生成动画静帧

▶ **设计说明生成与规范查找机器人**

文字类 AI 的应用，如设计说明的生成已经被广泛使用在设计工作流中，其中包含基于已有的设计说明模板生成相似性的内容，仅替换一些关键的信息数据，也包含基于一张图片，对图片中的信息进行语义理解，并输出为模板化的文字说明。基于 Langchain 的技术可以高效地把本地的知识库作为 AI 语言模型的文本基础，让 AI 可以深入理解不同行业之间的区别，并有针对性地生成专业性的内容。

概念设计前期的许多任务与资料，甚至当地的规范文档也都可以通过 Langchain 的方式与大语言模型相连：先通过大语言模型对大量文字资料进行预处理与解读，再统计输出固定格式的文本、报告，或是有针对性地回答问题。

利用本地知识库的规范查找机器人

**▶ 其他数字化应用**

数字化应用和人工智能有较大的区别，数字化基于人为设定的逻辑，而 AI 基于人类所提供的数据。虽然二者的逻辑差别巨大，但是当下通过数字化的方式可以完成许多人工智能无法做到的任务。数字化的算法逻辑可以在方案的概念阶段起到准确控制的作用，如在建筑设计概念阶段通过多目标优化的算法，计算得到最优化的布局排布，或是室内设计通过算法获得最紧凑优化的平面布局形式。在施工阶段，也可以通过数字化的方式对方案进行特定的优化，以方便施工，如施工前对曲面板块进行规则嵌板，以及对曲面幕墙进行最小差异化的拼接。通过数字化的方式，我们在设计任务中可以完成大量的规则、逻辑清晰的工作，在未来的很长一段时间内，也必然是人工智能与数字化共同结合完成复杂的任务。

## 5.4　数字化技术辅助概念设计工作流概述

如何在设计实践中运用 AI 辅助设计提高效率是每一个设计师都关注的问题。首先需要阐明的是，当下的 AI 技术大多是基于数据与深度学习模型的训练，它可以从大量数据之中获得规律，不需要人为制定规则，而参数化设计或者数字化设计则是基于人为制定的规则与算法去做大量重复的迭代生成。AI 基于数据，而参数化基于规则；AI 的内容生成存在黑箱，可解释性较差，但生成内容质量高、速度快、可操作性强，而参数化规则可解释性强、逻辑性好，但是制定规则需要花费大量的时间，可操作性相对较弱。因此，当下的数字化技术必须通过结合 AI 与参数化的优势来达到最有效的辅助设计。本部分以建筑设计为例，大致说明概念设计方案在不同的阶段应该怎样融合技术进行实践，其他类型的概念设计，如空间设计、工业设计也可以大致遵循同样的原则。

### ▶ 大语言模型解读需求

设计任务开始时，往往伴随着大量的任务书解读与本地规范查阅工作。通过前文所述的大语言模型加上 Langchain 的方式，可以较为快速地确定设计任务应该满足哪些本地的规范，并做初步的合规性设计。另外，通过大语言模型查阅的方式也可以迅速理解不同区位环境下的不同特征，达到快速掌握周边信息的目的。

### ▶ 概念方案图像生成

通过大语言模型读取地方志与当地文化等文本资料，可以快速提取出一些当地环境中的特定特征与文化要素，将这些要素与设计任务的需求组织成为一段结构性的提示词输入图像模型，可以得到大量的概念灵感与设计图像，这些图像可以在设计前期激发设计师的创意与灵感，同时也可以在后期作为微调图像模型的训练集数据库来源。根据精准符合特定设计任务的数据库去微调图像模型可以更好地为后面的出图辅助打下基础。

▶ **AI 图像模型微调**

通过前文所述的 LoRA 与 Dreambooth 方法，我们可以用少量的图像数据集去微调出一个图像大模型。微调一个图像模型在实际的工作流中具有很大的实用价值与潜力。往往不同的图像模型偏向的类型会有所区别，如人像类的图像模型中具有较少的建筑设计类图片参数权重，这就导致当我们使用这类模型生成图像的时候，很难达到满意的效果，而通过不同数据集微调的模型适用的范围有所差别，因此，通过第二步获得的特定数据集可以很好地补足图像模型的这个短板，让微调后的图像模型更好地生成满足需要的图像。

▶ **基于逻辑的建筑形体生成**

在建筑设计中，明确的设计逻辑与具体的数字是不可忽略的。目前通过人工智能图像或者文字的技术很难直接帮助设计师控制空间的尺度或设计的具体逻辑，AI 需要与传统的参数化方法进行一定的结合，在我们必须要控制的地方设定一些明确的参数化逻辑用于规范设计的生成与优化迭代，如使用多目标优化的一些成熟算法，通过计算机的迭代获得满足设计目标（如视野最好且日照最佳）的建筑布局,再基于此布局结合 AI 去做具体风格的迁移与细节的设计。这样，建筑方案既可以基于明确的逻辑，也可以获得 AI 的灵感，并提升效率。

▶ **建筑图像精准生成与图像修改**

通过参数化设计生成的建筑体块本身就具有一定的连贯性，再结合 AI 去生成图像时，便已经初步具备了整体的一致性。同时，由于生成图像是使用图像模型作为特定风格的，因此在材质的控制上也有较大的控制强度。在此基础上生成的图像再通过 SAM 与 Inpaint Anything 对具体的细节进行细微的调整，如材质与光影等，可达到最终的精准出图的目的。

为了更加客观地了解设计师是如何使用 AI 工具的，我们采访了一些具有代表性的国企设计院、外企设计公司、民营设计企业中的设计师，探讨他们如何将 AI 工具与设计工作进行结合，了解不同立场的设计行业从业者如何看待当下的人工智能，以及如何应对人工智能结合辅助设计工作，从而更新、改进原有的设计工作流（访谈内容参考本书附录）。通过与一线设计师交流我们可以发现，大部分企业已经深刻地意识到这场变革之汹涌，发觉了人工智能给行业带来的潜在影响，并开始初步探讨人工智能在设计行业中的各方面功能。基于访谈，大家的一些观点具有以下共同特征：

① AI 工具已大范围进入设计师的工作流之中。

②目前，设计公司对 AI 工具的使用还需要较强的品控。

③目前，对于直接将 AI 传出的内容交付给甲方，仍具有较大的不确定性。

④未来，AI 必定会极大地影响设计工作流。

⑤未来，设计师更需要找到自己的核心价值点，与人工智能有机协作。

# AI 设计的伦理
# 与可持续性

伴随着人工智能的崛起，伦理和可持续性问题愈加重要。本章将探讨人工智能在设计中引发的伦理问题和可持续性挑战。

## 6.1 AI 学会了吗？原创还是抄袭？

在原创性逐渐缺失的时候，人工智能以及其模型训练的技术无疑会是压倒骆驼的最后一根稻草。当下，人工智能产出的内容是否对具有相同风格的原作者的内容构成抄袭，业内还存在较大的分歧。从内容上看，AI 图像工具生成的内容和原作具有某种相似性，这是从情感上难以接受的。但是在技术层面上，人工智能算法并不是对原作品进行简单的解构与重组，而是将原作转化为数学向量，并用数学方法习得其作品之间的数学规律，通过运用此规律生成图像。通过数学的转换后，虽然难以冠以抄袭的名义，但是原创也无从谈起。在 AI 盛行的未来，原创的土壤还会存在吗？

### ▶ AI 生成图像在艺术比赛中获一等奖

AI 的算法特性使得它能通过算法的组合和重组来创造全新的作品，这种能力源自 AI 的设计，它允许机器学习模型从大量的训练数据中提取模式、风格和结构，然后再利用这些学到的元素创作出独

AI 生成图像在艺术比赛中获一等奖

特的作品。例如，在艺术领域，AI 可以分析成千上万的画作，学习不同的艺术风格和技术，然后创作独特的画作，这些作品既有历史艺术风格的影子，又融入了全新的创意元素；在音乐领域，AI 可以学习不同的音乐流派和作曲技巧，然后创作出全新的旋律与和声，这些作品可能超出了人类传统的创作范畴；在文学上，AI 能够模仿不同作家的风格，生成独特的故事和诗歌。然而，这里的一个关键点是，即使是这些看似原创的作品，其创作过程和结果也深受其训练数据的影响。AI 并不具备自我意识或主观创造力，它创作的所有内容都是基于其接触过的数据，这意味着 AI 生成的作品在某种程度上反映了其训练数据的特征。例如，如果一个 AI 模型仅被训练关于

19 世纪的画作，那么它创作的新作品，尽管可能包含新的元素组合，但其风格和感觉仍旧会深受 19 世纪画风的影响。

原创这个概念始于现代社会，指的是创作出新的、独特的、未曾存在的思想、观点、艺术作品或发明。原创性强调的是创新和独特性，是对现有知识、技术或艺术形式的扩展或重新解释。然而，当我们仔细审视当下社会中的一些原创作品，很容易发现它们的风格的来源或所受到的影响，即便最伟大的设计师或艺术家也不能否认他们的灵感可能来自童年的经历，或是自然界中的某种物体。设计从大自然借鉴灵感是一种常见且历史悠久的实践，被称为生物拟态（biomimicry）或生物启发设计。这种设计方法通过模仿自然界的生物形态、结构、过程、生态系统等方面或受其启发来解决人类的问题，创造新的设计。即使设计灵感来源于自然，设计过程本身也涉及将这些自然元素转化为新的应用或产品，这通常需要创新性的思维和独特的实现方法。这样的设计可以被视为原创，因为它产生了一种新的、以前未存在的形式或解决方案。

AI 可以分析自然界的模式（如植物的生长方式、动物的行为模

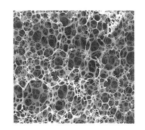

自然界中的大量元素可以成为人工智能学习的数据集

式、自然景观的结构等），在理解它们的数理逻辑后，在此基础上创作新的设计或艺术作品。这些作品可能看起来是原创的，因为它们不是简单地复制现实世界中的具体实例，而是基于对自然规律的理解和模拟生成的。基于这种视角，当人工智能可以跳过人类产出的内容，直接以自然界中的事物或规律、逻辑为学习对象，它便可脱离抄袭之名，真正创作出有启发性的作品，或是提出独到的解决方案。自然界中存在着大量的智慧与经验，利用人工智能对底层逻辑的采集，将仿生学与 AI 相结合，这样的设计便可以被视为原创，它反映了理解自然界并能够以创新的方式将这些理解转化为实用技术和产品的能力。

## 6.2 人工智能伦理和设计

在中国的设计行业中，人工智能技术的应用已成为一种重要趋势，它不仅在提高效率和创新能力上发挥着关键作用，而且在实现设计行业的可持续发展和道德标准上扮演着重要角色。数据的隐私保护、算法的道德规范和人工智能的责任归属等问题都需要设计行业给予足够的关注。因此，中国的设计行业需要在引入 AI 技术的同时，建立相应的法律和伦理框架，确保技术的应用既符合可持续性原则，又遵循社会道德标准。通过精准的数据分析和高效的资源利用，AI 技术不仅可以提升设计质量和创新能力，还可以推动行业向着更加公平、透明和环保的方向发展。接下来将详细探讨版权保护、安全性、逻辑性和合规性这四个方面对于确保技术的健康发展和道德应用的重要作用。

## 6.2.1 版权保护

设计行业中的 AI 应用常以大量的图像、文本、设计模板等作为学习材料，这些数据可能来源于受版权保护的作品，容易产生侵犯版权的风险。

对于版权保护，需要确保所有训练 AI 的数据获取合法，并尊重原创作者的知识产权；明确 AI 生成作品的版权归属，特别是在 AI 创作过程中可能出现模仿或参考已有作品的情况；还应考虑引入版权管理系统，以跟踪和管理使用和生成的内容。

## 6.2.2 安全性

在设计行业内，AI 系统可能会处理敏感数据，如客户信息、商业秘密等。这些数据如果泄露，可能导致严重的安全问题。强化数据安全措施是关键，包括使用国产的开源大模型，并通过本地部署的方式将大语言模型部署在本地服务器上，确保服务器和网络的安全性，以及定期进行安全审计。此外，还要对设计师和技术人员进行数据安全培训，提高他们对潜在威胁的认识和应对能力。

### 6.2.3　逻辑性

AI 在设计领域中的决策过程复杂且不透明，这可能导致用户对 AI 生成的设计方案缺乏信任。采用可解释 AI 模型，使设计师和用户能够理解 AI 的决策逻辑，有助于建立信任，提高设计方案的接受度。同时，还要通过用户反馈和迭代学习，不断优化 AI 的决策过程。

### 6.2.4　合规性

设计行业的 AI 应用需要遵守一系列的法律和行业规范，包括数据保护法规，与用户隐私、反歧视等相关的法规。在 AI 系统的设计和实施过程中，需要深入考虑这些法律和伦理问题。此外，要定期进行合规性审查，确保系统符合最新的法律和道德标准；加强与法律专家的合作，确保设计方案的合法性和道德性。

## 6.3　设计中的可持续性

### 6.3.1　责任制度

设计工作不同于艺术创作，艺术创作由于介质的属性不同，往往存在于虚拟空间，而不会对现实世界产生物理范畴的影响。然而，设计实践，尤其是建筑设计、室内设计、景观设计等领域，往往会对物理空间产生较为强烈的影响，其设计成果责任制度的重要性不言而喻。而在生成式 AI 盛行的当下，由于人工智能的成果与工作还处在探索阶段，因此不可控性较大，如果使用不当，可能造成比较严重的后果。对于人工智能工具的使用，应当注重多个方面的审查与责任落实。

首先，在工具层面，大模型的训练过程中，应当极为注意数据清洗与筛选。无论大语言模型还是图像模型，它基于的训练数据集都应该符合当地法律。OpenAI 在训练 GPT 时，便加强了对训练元素的监管，并加入了特定约束条件，当用户问出违反法律的问题时，大语言模型可以拒绝回答。图像领域如 SDXL 模型相较于 SD1.5 模型，也做了一定的数据集上的优化，使得训练出来的大模型不会受用户的控制生成违规内容。在数据和算法层面的管控是必然需要且尤为重要的。

其次，在使用者层面，需要进行适当的培训与监管，人工智能生成的内容也需要通过严格的质量审查和合规性判断，进而帮助设计项目产出更好的内容。

最后，由于物理空间的设计项目属性，因此还需要有最终责任人对所有数字工具生成的内容进行把关和审核，并作为负责人对所有内容负责。在人工智能时代，内容生成变得平面化、低门槛化，审核质量监管与人类责任制是必不可少的。

### 6.3.2　品质把控

当下，由于人工智能模型在语言和文字类应用中存在较为明显的质量问题，因此如何利用 AI，同时做好品质把控，让 AI 为项目和企业赋能（尤其是某些对质量需求较高的工程项目），成为一个非常重要的话题。

在人工智能图像领域，品质把控可以从三个方面入手。首先，加强对训练数据集的准备和清洗，数据集与标签的品质是影响最终生成图像质量的最重要因素；其次，对训练所得到的模型加强筛查与测试，筛选出质量最佳的人工智能模型；最后，对人工智能所生成的图像进行二次处理，根据不同企业内部的标准，将其处理为完善、可用的内容。

目前，在设计领域，使用人工智能图像模型的企业通常在两个阶段使用 AI 来为企业赋能，即概念阶段的灵感发散期与概念阶段的精准出图期。灵感发散期，由于不涉及太多具体任务的输出，因此不需要太多的质量把控。而精准出图期，由于设计方希望达到的效果与 AI 生成的效果不可避免地存在差异，而且此阶段需要对外输出，因此面临着一系列质量监控的问题。企业需要根据自己的标准对图像进行后续的处理与加工，使其能够达到业主的要求。

### 6.3.3　核心价值可持续性

使用算法介入设计当中，带来了效率的提升，在优化资源利用和环境保护方面无疑具有较为积极的作用。但是，它的应用也伴随着一定的负面影响，需要审慎考虑。

AI 技术精准的数据分析和预测，可以帮助设计师更有效地理解市场需求和消费者偏好，从而减少因不准确预测导致的资源浪费。AI 可以在产品设计和生产过程中实施优化策略，如通过智能算法优化生产线布局，减少不必要的能源和原材料消耗，降低对环境的影响。AI 系统还可以持续监测和评估产品的生命周期，提供有关环境影响的实时反馈，帮助设计师做出更环保的决策，推动循环经济的实现。

然而，AI 系统对数据的依赖可能导致对个人隐私的侵犯。大规模收集消费者数据，尤其是在未经消费者同意的情况下收集其数据，可能会引发人们对隐私和伦理的担忧。同时，虽然 AI 可以帮助我们减少生产过程中的能源浪费，但其本身在运行过程中需要大量的计算资源，这可能导致显著的能源消耗，特别是在数据中心和云计算基础设施中。

过分依赖 AI 技术还可能导致技能流失和创新能力的下降。长期过分依赖 AI 技术，可能会削弱设计师解决复杂问题的能力，从而影响行业的可持续发展，且因为训练数据的偏见，较容易出现不公平或不准确的预测，从而导致设计方案偏离公平和包容性，影响产品的社会接受度。

# 面向未来：
# 设计师何去何从

伴随着人工智能技术的快速发展，当下社会形态中的许多工作形式必将受到影响，设计师作为其中一部分，也将面临巨大的冲击。未来的设计师、设计行业会如何转型？会有什么新的领域出现吗？

## 7.1　元宇宙、科学研究

元宇宙这个概念由 Meta 公司提出，在它被提出之时，以元宇宙为概念的各个领域都产生了较多的新型交互体验与商业模式。而在元宇宙概念的加持下，结合 AI 的高速发展，未来的设计师以及未来的项目会以何种形式下发、进行、交付和体验，给了我们非常大的想象空间。区别于真实世界中的项目受到法规、土地、投资等各方面的约束，在虚拟空间中的项目更加自由，也越发靠近设计与艺术的本质。苹果公司在 2023 年推出的 Vision Pro（一款由苹果公司发布的头戴式显示器）无疑是对未来虚拟空间体验感受的进一步支持。

扎哈·哈迪德事务所是建筑设计行业较早触及元宇宙项目的设计公司之一，该事务所推出的元宇宙空间展以及 NFT 慈善项目等，都是建筑师、设计行业与虚拟世界、AI 相结合的范式。扎哈·哈迪德事务所曾发表的元宇宙设计方案"自由城"（Liberland）是一个由未来主义风格的弯曲建筑组成的虚拟小城，在这里，人们以虚拟化

NFT 主义（NFTism），扎哈·哈迪德事务所领导创建的探索元宇宙中的建筑和社会互动的虚拟画廊

身进入数字建筑。城市中拥有市政厅、协作工作空间、商店、商业孵化器和展示 NFT 艺术的画廊。扎哈·哈迪德事务所还在其设计的首尔东大门设计博物馆（Dongdaemun Design Museum）中举行了展览"元地平线：今天的未来"（Meta–Horizons: The Future Now），从数字技术、人工智能、NFT 到虚拟现实，展示了扎哈·哈迪德事务所跨越不同领域的成果，其中包括自由城的演示，以及探索元宇宙中建筑和社会互动的虚拟画廊"NFT 主义"（NFTism）。由于技术的发展和城市发展趋势的引导，未来一定会有越来越多的建筑事务所开始转向元宇宙虚拟建筑的构建。

　　利用人工智能等相关技术也可以为设计研究与竞赛带来新的方向，上海的 AI 设计研究室于 2023 年在 ADF+ 工作营中与学生一起

通过语义分割模型分析数据与预测

通过七天的工作营探索城市未来的空间形态，并利用语义模型与图像模型等技术对城市未来的发展做出分析和预测，这也是人工智能技术融入设计与研究领域的一个新的尝试。

　　当代城市的地域性风格是一个难以定义与捕捉的变化体。在不同的时期，同样的城市会展现出丰富多变的风格，其地域性特征也在随着时间的推移而发生转变。如何基于不同的假设去预测城市的未来风格，成为一个富有挑战也颇为有趣的话题。如果将一个城市的地域化特征以多个元变量来定义，那么城市风貌的变迁便是这些变量的增减与权重变化后带来的结果。借助语义分割、seaborn 等数字化工具，我们可以定量分析城市在历史进程中的地域化风格组成与变迁特征，并通过代入相关假设对未来的城市风貌变化做出预测。利用生成式 AI 工具，可以实现对当下与历史风格的学习，通过 AI 模型的权重调整来实现多个元风格的融合与迁移。虽然当下通过 AI 来对未来城市的风格进行预测还存在较多的主观因素，但是通过大数据反映的未来城市面貌从根源上可以做到比传统方法更客观。

　　面向未来，由于 AI 打破了不同学科之间的硬性边界，未来项目可能会涉及更多的学科交叉与融合，设计师可以通过新技术的学习与研究，在更多交叉领域从事新的工作，如虚拟空间设计、数据挖掘与清洗、垂类 AI 模型训练等。

## 7.2    设计师在人工智能时代的角色再思考

在 AI 时代，设计行业的变革不仅带来了对新技术的广泛应用，同时也对设计师的技能和角色提出了全新的要求。麦肯锡的一项研究报告"生成式人工智能的经济潜力：下一波生产力浪潮"（"Economic potential of generative AI：The next productivity frontier"）预测，到 2030 年，人工智能和自动化将影响大量的人类工作并创造出巨大的价值，设计行业也包含在内。这意味着设计师的工作不再仅限于使用传统工具和技术来创造视觉作品，而是需要将技术创新融入设计思维和工作流程中。设计师的角色正在从传统的视觉创造者转变为技术和用户需求之间的关键纽带，他们需要学会使用先进的工具，如 AI 和机器学习算法，来提升设计的质量和效率。

Adobe 公司在 2019 年的设计趋势报告中指出，数据驱动的设计正成为主流，设计师不仅需要具备传统的创意和视觉表达能力，还需要能够理解和分析大量的用户数据。这种数据洞察能力使设计师能够更准确地理解用户的行为和需求，从而创造出更具个性和有效的设计方案。此外，随着 AI 技术在设计领域的普及，基础的编程知识和对机器学习原理的理解也变得至关重要。这些技术和技能不仅能够使设计师更有效地与技术团队沟通，还可以让设计师直接参与 AI 技术在设计项目中的实际应用。因此，为了在这个快速发展的行业中保持竞争力，设计师必须适应这些新技术，并将它们融入自己的工作实践中。下文将详细阐述设计师可能需要了解的知识和具备的能力及其作用。

▶ **基础的编程知识**

了解基础的编程知识，尤其是对至少一种编程语言（如 Python）的了解，对于与 AI 和机器学习模型交互至关重要。掌握编程知识不仅能帮助设计师理解技术背后的逻辑，还能让他们更直接地参与 AI 驱动的设计项目。了解编程可以帮助设计师更有效地与开发团队沟通，参与产品的技术实现阶段。同时，这也使他们能够自主开发原型或使用自定义工具来改进设计流程。

▶ **数据分析和处理能力**

能够理解和分析数据对于指导设计决策和优化用户体验至关重要。设计师通过分析用户行为数据可以发现用户需求和市场趋势，从而创造出更符合用户期待的设计。数据分析能力使设计师能够解释和利用用户反馈、市场研究和行为模式数据。这样，他们可以基于实际数据做出更明智的选择，而不仅仅依赖直觉。

▶ **机器学习和 AI 原理**

设计师应该尝试了解机器学习和 AI 原理，包括其在设计中的应用（如自动化设计任务、用户行为预测等）。这些知识不仅能够帮助设计师理解他们正在使用的工具，也为他们提供了创造更智能、更适应用户需求的产品的可能性。掌握这些原理可以使设计师在项目中更有效地使用 AI 工具，如利用机器学习进行图像识别、文本分析或行为模式预测，从而提升设计的质量和创新性。

▶ **用户体验设计**

在 AI 环境下，理解如何创建直观、有效的用户界面和交互体验尤为重要。随着 AI 技术的融入，设计师需要考虑如何使复杂的技术对最终用户友好且易于理解，这涉及设计师如何结合 AI 技术创造出既符合用户习惯又能利用 AI 优势的产品。

▶ **跨学科沟通技巧**

在可见的未来，设计师可能更加需要与工程师、数据科学家和业务分析师等具有不同背景的人员合作，因此，有效的跨学科沟通技巧对确保项目成功至关重要。这种沟通能力使设计师能够更有效地表达自己的设计理念，理解团队其他成员的观点和需求。这种多领域的合作也有助于创造出更全面、更具创新性的设计方案。

随着 AI 技术的不断发展，设计行业中出现了一些全新的职业角色，例如，AI 界面设计师专注于为人工智能系统设计易于用户理解和操作的界面；数据可视化专家利用图形和图像将复杂的数据集和 AI 分析结果转化为直观的视觉信息，帮助用户更容易地理解这些信息；AI 伦理合规专家在设计和技术实施过程中确保道德和法律标准得以遵守。这些新兴的职业角色体现了市场对于专业人才日益增长的需求，这些人才能够连接技术创新与用户体验，理解和处理复杂数据，以及确保 AI 应用遵循伦理和合规性要求。此外，随着技术的进步，未来可能还会出现更多我们现在无法预见的新职业，这些职业将需要设计师不仅具备良好的创造力和视觉表达能力，还需要具备跨学科的技术知识和应用能力。

## 7.3 未来趋势

在面对未来的挑战和机遇时，中国的建筑和室内设计师需要做好准备，以适应快速变化的行业。设计领域正经历着前所未有的变革，这些变革不仅受到技术进步的驱动，也与全球化和可持续发展的趋势息息相关。面对这样的变革，设计师需要更新自己的技能集，来适应新的设计方法和需求。行业的发展与变化将主要体现在如下几个方面。

**▶ 技术革新与设计的未来**

如前文所述，人工智能和自动化技术将对多个行业产生重大影响，其中包括建筑和设计行业。为了保持竞争力，设计师需要掌握新技术，这些技术不仅能提高设计的效率，还能创造出更加创新和个性化的设计方案。这些技术的融入不仅使得设计过程变得更加高效，而且能够在创意层面带来革命性的变化。设计师利用这些先进技术，可以更好地实现他们的视觉概念，将创新思维转化为实际的设计项目。

**▶ 关注可持续性与绿色设计**

随着全球对可持续发展和环境保护的重视程度不断提高，"联合国可持续发展目标"强调了绿色和可持续设计的重要性。为了响应这一全球性挑战，建筑师和室内设计师应该关注使用环保材料和节能技术，致力于创造更加环保和可持续的生活空间。此外，关注建

187

筑的生命周期评估，实现设计的长期可持续性，也成为当代设计师不可或缺的任务。

#### ▶ 文化的融合与创新

在全球化的背景下，设计师面临着融合东西方文化元素的机遇和挑战。跨文化的理解和创新是当今企业和专业人士成功的关键，对文化和情感这种软性介质的把握也更加重要。同时，还要利用新科技帮助我们解读文化，将传统文化的美学元素与现代设计的创新技术结合，产生新的视觉语言和空间体验。同时，保持对全球设计趋势的敏感性和开放性，可以帮助中国设计师在国际舞台上展示独特的设计风格和视角。

#### ▶ 跨学科合作的必要性

随着设计项目越来越复杂，跨学科合作变得日益重要。中国的建筑师和室内设计师应当寻求与其他领域专家的合作，如工程师、科技专家和艺术家。尤其是在技术发展迅猛的今天，单一学科的知识快速更新与迭代，让每个人只能在该领域成为专家，这就更加需要不同学科间的交融与合并。这种跨领域的合作能够带来新的创意和视角，推动设计创新。通过与不同领域的专家合作，设计师不仅可以获得新的灵感和想法，还可以利用各自的专业知识，共同解决设计中的复杂问题。这样的合作有助于创造出更具创新性、功能性和美学价值的设计作品。

中国的建筑师和室内设计师正处于一个充满挑战和机遇的时

代，需要不断学习新技术，关注可持续发展，融合多元文化，并寻求跨学科合作，在不断变化的全球设计领域中保持竞争力。通过不断地学习和创新，可以更好地应对未来的挑战，在全球设计舞台上发挥更重要的作用。当下，中国的企业对人工智能的应用与产业转型充满了学习的激情与尝试的勇气，在国家、企业与个人的共同努力下，我们正加速迈向一个数字化、智能化的设计时代。

# 参考资料

[1]　[美] 伊恩·古德费洛，[加] 约书亚·本吉奥，[加] 亚伦·库维尔. 深度学习 [M]. 赵申剑，黎彧君，符天凡，李凯，译. 北京：人民邮电出版社，2017.

[2]　阿斯顿·张，[美] 扎卡里·C. 立顿，李沐，[德] 亚历山大·J. 斯莫拉. 动手学深度学习 [M]. 何孝霆，瑞潮儿·胡，译. 北京：人民邮电出版社，2019.

[3]　[日] 涌井良幸，[日] 涌井贞美. 深度学习的数学 [M]. 杨瑞龙，译. 北京：人民邮电出版社，2019.

[4]　吴军.《数学之美》（第三版）[M]. 北京：人民邮电出版社，2020.

[5]　[美] 特伦斯·谢诺夫斯基. 深度学习：智能时代的核心驱动力量 [M]. 姜悦兵，译. 中信出版社，2019.

[6]　[法] 杨立昆. 科学之路 [M]. 李皓，马跃，译. 中信出版社，2021.

[7]　ALAN TURING.Computing Machinery and Intelligence[J].Mind，1950，49：433—460.

[8]　MARVIN MINSKY. Steps toward artificial intelligence[J]. Proceedings IRE，1961，49：8—30.

[9]　ALLEN NEWELL，J.C.Shaw，H. A.Simon.Chess-Playing Programs and the Problem of Complexity[J]. IBM Journal of Research and Development，1958，Vol. 2：320—335 .

[10]　FRANK ROSENBLATT.The Perceptron: A Probabilistic Model for Information Storage and Organization in the Brain[J].Psychol. Rev，1958，65：386—408.

[11]　BRUCE BUCHANAN，EDWARD FEIGENBAUM, JOSHUA LEDERBERG. Heuristic DENDRAL: A program for generating explanatory hypotheses in organic chemistry[M].Edinburgh：Edinburgh University Press，1968.

[12] SHORTLIFFE E.H., DAVIS R., AXLINE S.G., BUCHANAN B.G., GREEN C.C., and COHEN SN.Computer-based consultations in clinical therapeutics: explanation and rule acquisition capabilities of the MYCIN system [J]. Comput. Biomed. Res., 1975, 8（4）: 303—320.

[13] J. MCDERMOTT.R1: A rule-based configurer of computer systems[J]. Artificial Intelligence, vol. 19, 1980, no. 2: 39—88.

[14] P Winston, K Prendergast.The AI Business: The commercial uses of artificial intelligence[M].Cambridge: MIT Press, 1984.

[15] EDWARD A.FEIGENBAUM.Knowledge Engineering: The Applied Side of Artificial Intelligence[R]California: DEPARTMENT OF COMPUTER SCIENCE Stanford University, 1980.

[16] FRANK PERMENTER, CHENYANG YUAN.Interpreting and Improving Diffusion Models from an Optimization Perspective[EB/OL].[2024-06-03]. https://arxiv.org/html/2306.04848v4.

[17] NIKOS ARECHIGA, FRANK PERMENTER, CHENYANG YUAN.Drag-guided diffusion models for vehicle image generation.[2023-06-19].https://arxiv.org/pdf/2306.09935.

# 附录（采访原文）

XF 为采访人，A、B、C 均为被采访者

## 1. 扎哈·哈迪德建筑事务所（伦敦）

**XF：** 请问你们近期对于 AI 的研究是什么方向？扎哈·哈迪德建筑事务所对 AI 的研究或者实践进展到哪一步了？

**A（设计师，AIGC 团队负责人）：** 据我的观察，AIGC 在英国的设计行业中，在应用层面还不是很广泛。但是如果说整个人工智能领域的话，英国整体还是比较热闹的，有不同的领域的人会定期举行一些峰会，特别是谷歌英国的总部，会邀请 AI 领域的人做一些分享。扎哈·哈迪德建筑事务所在 2023 年的三四个月内，将扩散模型、稳定扩散用到了 10 ～ 20 个项目中，将 Midjourney 用到了 60 个项目中。我们现在有一些自己的模型，当作工具给大家用。还有一组人在做数据准备，专门研究怎样搭建模型库和它的结构，把事务所过去这几十年来有用的信息有组织、有架构地搭建起来，以后也能够让别人有结构性地用一个工作流把它生成出来。

**XF：** 那还是运用得相当广泛了，感觉已经是将 AIGC 作为新的工作方式了。

**A：** 嗯，比如，以往我们完成一个项目竞赛或者中标，之后其他人若要想做类似的项目，通常是看内部网站上的图片，现在我们用 AI

把项目变成一个 LoRA 模型，用这种方式把这个项目记录下来，让大家能够使用计算机语言，以这个项目为基础快速地尝试各种风格。同时，这也是一种教育方式，比如，事务所现在有 500 多个人，设计师占比较大，设计师之间可以通过模型沟通，这样交流更顺畅。通过 AI 模型传递知识是一个比较好的方式，因为编辑 AI 模型的人有这个话语权定义模型。

**XF：** 除了设计类的实际项目，听说你们还在一些虚拟的项目上用到很多 AI 的新技术。

**A：** 是的，最近有一个委托项目，是大概十年前完成的首尔的当代美术馆，当时的甲方找到我们，想要做一个十周年纪念的项目，要做 4 万多个 NFT（Non-Fungible Token 的缩写，指非同质化代币），由扎哈·哈迪德建筑事务所来做其中的 33 个作为首发。这 33 个 NFT 就是以 AI 的形式来完成的。我们之前还做过元宇宙的展览空间项目。

**XF：** 你们目前是怎样把 AI 接入工作流的？会把 AI 产出的内容直接给甲方看吗？

**A：** 我们有一个品质控制的环节，目前是不会把 AI 产出的东西直接拿给甲方看的，我们会进行加工，用专业的手段和眼光衡量哪些地方需要改动。至少扎哈·哈迪德建筑事务所要交付的东西必须是自己认可的东西。

**XF：** 你们的设计师目前对于 AI 是什么态度呢？

**A：** 我能够观察到的是，大家对 AI 充满好奇心，也比较热情。因为大家是对设计非常有热情才会聚到一起，所以基本上可以排除对 AI

有恐惧的现象，又因为它就像一个好的助手，能够帮助我们在短时间内做更多的工作。这对喜欢设计的人来说非常具有吸引力。

**XF：** 非常赞同！那么最后一个问题，你觉得未来 AI 可能会从哪些方面对我们有帮助？设计师需要做些什么去应对这样的未来？

**A：** 在研究生期间我写了一篇论文，内容是关于如何让 AI 帮助设计师总结自己生活中的事物或者对待设计的想法，这也是自我学习的一个过程。现在，AI 能够帮助大家去做视觉上和语言上的归纳总结，可能以后会有其他的方式。

未来可能每一个设计师都可以以自己如何看待设计和看待世界为基础，做一个自己的模型，归纳总结自己看到的东西，以及自己的思维逻辑。最后，这个模型也能够分享给其他设计师，让大家用这个思维方式去做设计，相当于把自己的手和大脑借给别人，帮别人绘制他喜欢的项目，这是一件非常令人兴奋的事。

所以，我的畅想是，一个未来的设计师可能更需要专注于自己对世界的理解和自己的表达，这是至关重要的。

## 2. 某国企大型设计院

**XF：** 你们院是上海最大的国企之一，听说一直在推行数字化的研究和实践，可以描述一下你们在这里面做了哪些工作吗？

**B（设计师）：** 我们组最近用 AI 来做设计，我觉得还是很好的，因为前期 AI 可以为我们提供很多灵感。我们先建了一个场地模型，然后随便画了几个初步方案，从里面挑了一张，基于这张图再生成一些方案，之后我们再结合实际的功能和平面去做设计。AI 会有很多让人意想不到的发挥，我们会结合功能看怎样做比较合理，然后做出最后的设计。相当于 AI 给我们提出很多的可能性，如果靠自己想还是挺难想得如此全面的，这是我们组的工作流。

**XF：**了解了，这是在设计上，那么在生产端你们有什么应用吗？

**B：**我们院做 AI 或者数字化的研究很多年了，最近也有很多实践。我们院做投标相对较少，做得比较多的是后期的施工落地，或者全流程的服务，所以我们自己内部开发的一些数字化工具可能更加实用，比如，可以自动生成楼梯详图的工具，我觉得是很好用的。说到当下的 AIGC，我觉得最终还是达不到真正效果图的质量，平时的效果图也是员工自己制作的，并没有因为 AI 降低工作量。

**XF：**你们组或者公司的员工对于 AI 有什么看法？是兴奋还是恐惧？

**B：**关于这点我很奇怪，我觉得大家好像没有态度。之前我们专门配了一个 4090 显卡鼓励大家去做研究，但可能需要点耐心和时间，大家太忙了就没有时间研究。

**XF：**大家害怕被 AI 取代吗？

**B：**大家不担心被取代，只担心工资会越降越低。但还没到那一刻，大家都觉得被取代了也无所谓。

**XF：**那你觉得未来设计师需要学些什么才能面对这个趋势？

**B：**我觉得我们这一代设计师不用太担心，根据自己的兴趣多方向尝试就好。

### 3. 某民营设计院

**XF：**你们最近听说过或使用过任何 AI 工具吗？

**C（设计师）：**听说过，经常能在网上看到相关的信息，我自己比较关注人工智能，使用过 Midjourney、Stable Diffusion 生成图像，但是都只停留在应用层面。

**XF：** 你们院里推广使用这样的 AI 工具吗？有用这些工具做过实际项目吗？

**C：** 有的，而且很多。我们院最近项目量比较少，需要大量投标，但是投标的不确定性很大，便想尽可能减少投标的成本。而且投标时间往往也很紧张，所以使用 AI 帮助出图已经是常规操作了，在概念阶段出的图稍微处理一下就可以用了。

**XF：** 那很好，确实在概念阶段使用 AI 出图目前已经被证明是比较成熟的应用了。你们有用 AI 出图成功中标的经历吗？

**C：** 有的，但是必须说明的是，AI 出核心效果图还是比较困难的，可能因为我们使用的方法还不够好。总之，图的效果还是达不到效果图制作公司的那种准确性，所以，核心的几张图我们还是会找效果图制作公司，但是其他的一些辅助效果图或者室内空间效果图我们都会用 AI，也有过用 AI 出图投标和中标的案例。

**XF：** 你们现在主要用它来出效果图？

**C：** 是的，其实也在研究怎样把它用在概念设计的文本输出上，比如，怎样查找规范之类的，但是目前都比较基础，还不能实际落地。

**XF：** 院里的设计师目前对 AI 是什么态度？觉得很感兴趣还是比较恐惧呢？

**C：** 我觉得设计师普遍没太多时间去学习新的东西，当设计任务本身就很重的时候，还需要去学习新的技能，多少会对这个东西产生反感，不过恐惧暂时还谈不上，大家不会觉得这个东西能很快地取代自己。

**XF：** 你们和业主交流过吗？他们知道你们在用 AI 出图吗？

**C：** 他们不是特别在意我们的图是怎么出的，只要能够达到他们的需求就可以了。其实现在这个阶段 AI 只是一个工具，怎么使用以及出来的成果如何在很大程度上取决于用他的人，所以我们也不是很避讳使用 AI。

**XF：** 好的，最后一个问题，你觉得未来 AI 会向什么方向发展？设计师应该怎么做才能更好地应对这个形势？

**C：** 我觉得未来人工智能肯定会越来越发达，它能够在越来越多的方面辅助我们做更多事，这应该是不可避免的趋势。而且，不只是设计行业，各行各业应该都是这样，所以转行其实也不能解决问题。我觉得如果还在设计行业的话，设计师要主动和 AI 拉开差异，去做 AI 难以做到的事，比如，目前的施工阶段，以及把自己的精力放在设计最有价值的部分，然后尽可能多地去了解现在的新技术，多看、多学吧。

**XF：** 是的，我也赞成这个观点，谢谢你的时间。

**C：** 不客气。

## 图书在版编目（CIP）数据

AI 重塑设计流程：设计师的人工智能通识课 ／ 徐帆，李策，曹先锋编著 . —— 桂林：广西师范大学出版社，2024. 10. —— ISBN 978-7-5598-7155-8

Ⅰ. TB21-39

中国国家版本馆 CIP 数据核字第 20240RT692 号

AI 重塑设计流程：设计师的人工智能通识课
AI CHONGSU SHEJI LIUCHENG : SHEJISHI DE RENGONG ZHINENG TONGSHIKE

出 品 人：刘广汉
策划编辑：高　巍
责任编辑：冯晓旭
助理编辑：马竹音
装帧设计：六　元　周园艺　李　策

广西师范大学出版社出版发行

（广西桂林市五里店路 9 号　　邮政编码：541004）
（网址：http://www.bbtpress.com）

出版人：黄轩庄

全国新华书店经销

销售热线：021-65200318　021-31260822-898

恒美印务（广州）有限公司印刷

（广州市南沙区环市大道南路 334 号　邮政编码：511458）

开本：890 mm × 1 240 mm　　1/32

印张：6.5　　　　　　　　字数：150 千

2024 年 10 月第 1 版　　　　2024 年 10 月第 1 次印刷

定价：88.00 元

如发现印装质量问题，影响阅读，请与出版社发行部门联系调换。